풍산자 라이트

수학Ⅱ

깔끔한 개념 정리와

2점, 쉬운 3점의 확인 문제로

빠르게 실력을 점검하는

〈풍산자 라이트〉입니다.

이 세상의 이치는 수학 지식 없이 알아낼 수가 없다

- 로저 베이컨 -

풍산자 라이트

교재 활용
로드맵

반드시 알아야 할 개념을
한눈에 들어오도록 요약한
**필수 개념
정리**

정리된 개념을 바로
정리해 볼 수 있는
**필수 개념
확인 문제**

개념을 완성하고
빠른 실력 점검에 최적화된
**실력 확인
문제**

잘 나오는 유형,
잘 틀리는 유형을 제시한
**내신과 수능
빈출 문제**

다양한 접근 방법을
제시하고 사고력을 키우는
**체계적이고
정확한 풀이**

중단원을 세분화한 구성	학습 점검에 최적화된 필수 개념과 확인 문제
엄선된 내신, 수능 문제로 실력 점검	실수하기 쉬운 문제와 빈출 문제 제시
단기 개념 특강	빠르게 개념을 확인하고 실력을 점검할 수 있는 구성

풍산자
라이트

수학 Ⅱ

구성과 특징

쉽고 가벼운
단기 개념 완성서

· · · · · · · · · · ·

필수 개념 연계 문제와
기출 문제를 한번에 잡는
개념 완성 비법서

· · · · · · · · · · ·

기본 개념의
문제 적용력 UP!!
실전 문제 해결력 UP!!

1

필수 개념과 연계 문제 학습

· 수학Ⅱ를 학습하는 데 꼭 필요한 개념을 선별하고 문제 풀이에 도움이 되는 내용을 참고로 제시

· 필수 개념과 연계한 문제를 소개하고, 문제 풀이에 좀 더 쉽게 다가가기 위한 TIP 제공

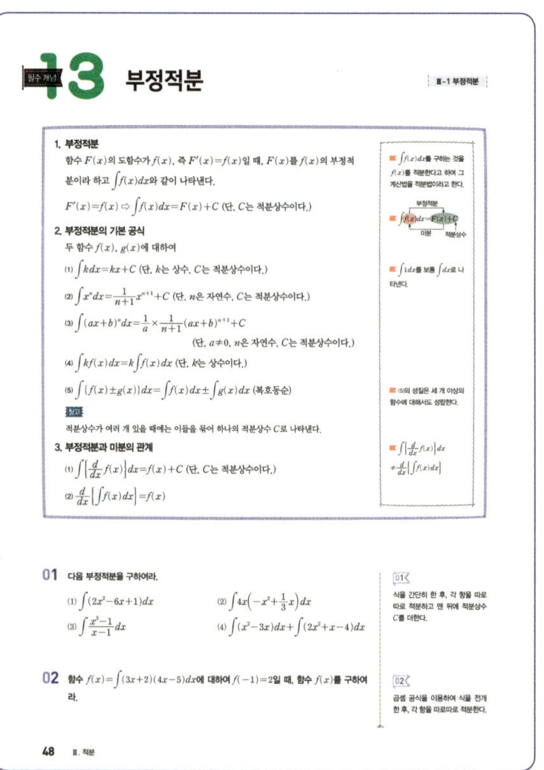

2

실력 확인 문제

- · 잘 나오는 내신 유형, 잘 틀리는 내신 유형 을 표시하여 내신을 대비할 수 있는 문제를 수록

- · 잘 나오는 수능 유형, 잘 틀리는 수능 유형 을 표시하여 학력평가, 평가원, 수능 기출 문제를 연습

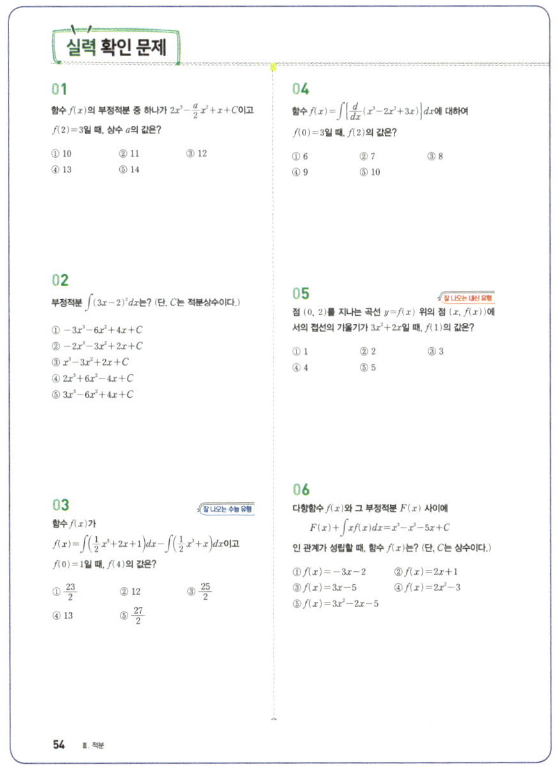

3

정답과 풀이

- · 다른 풀이, 참고 를 제시하여 다양한 방법으로 문제 풀이에 접근

- · 풀이를 단계별로 나누어 체계적으로 과정을 사고

차례

I 함수의 극한과 연속

1 함수의 극한

01 함수의 수렴과 발산 06

02 극한값의 계산 08

≋ 실력 확인 문제 10

2 함수의 연속

03 함수의 연속 14

04 연속함수의 성질 16

≋ 실력 확인 문제 18

II 미분

1 미분계수와 도함수

05 평균변화율과 미분계수 22

06 미분가능성과 연속성 24

07 도함수 26

≋ 실력 확인 문제 28

2 도함수의 활용

08 접선의 방정식과 평균값 정리 32

09 함수의 극대와 극소 34

10 함수의 그래프와 최대·최소 36

≋ 실력 확인 문제 38

11 방정식과 부등식에의 활용 42

12 속도와 가속도 44

≋ 실력 확인 문제 46

Ⅲ 적분

1	부정적분	**13** 부정적분	48
2	정적분	**14** 정적분	50
		15 여러 가지 정적분의 계산	52
		≋ 실력 확인 문제	54
3	정적분의 활용	**16** 넓이	58
		17 속도와 거리	60
		≋ 실력 확인 문제	62

01 함수의 수렴과 발산

필수 개념

1. 함수의 수렴과 발산

(1) **함수의 수렴**: 함수 $f(x)$에서 x의 값이 a에 한없이 가까워질 때 $f(x)$가 α에 한없이 가까워지면 $f(x)$는 α에 수렴한다고 하고, α를 $x \to a$일 때의 $f(x)$의 극한값 또는 극한이라고 한다.

$$\Rightarrow \lim_{x \to a} f(x) = \alpha \text{ 또는 } x \to a \text{일 때 } f(x) \to \alpha$$

(2) **함수의 발산**: 함수 $f(x)$가 수렴하지 않으면 발산이라고 한다.

$$\text{발산} \begin{cases} \text{양의 무한대로 발산} \Rightarrow \lim_{x \to a} = \infty \\ \text{음의 무한대로 발산} \Rightarrow \lim_{x \to a} = -\infty \end{cases}$$

2. 좌극한과 우극한

$x=a$에서 함수 $f(x)$의 극한값이 존재하면 $x=a$에서 함수 $f(x)$의 좌극한과 우극한이 모두 존재하고, 그 값이 서로 같다.

$$\lim_{x \to a} x = \alpha \iff \lim_{x \to a-} f(x) = \lim_{x \to a+} f(x) = \alpha$$

3. 함수의 극한의 성질

$\lim_{x \to a} f(x) = \alpha$, $\lim_{x \to a} g(x) = \beta$ (α, β는 실수)일 때

(1) $\lim_{x \to a} cf(x) = c \lim_{x \to a} f(x) = c\alpha$ (단, c는 상수이다.)

(2) $\lim_{x \to a} \{f(x) \pm g(x)\} = \lim_{x \to a} f(x) \pm \lim_{x \to a} g(x) = \alpha \pm \beta$ (복호동순)

(3) $\lim_{x \to a} f(x)g(x) = \lim_{x \to a} f(x) \lim_{x \to a} g(x) = \alpha\beta$

(4) $\lim_{x \to a} \dfrac{f(x)}{g(x)} = \dfrac{\lim_{x \to a} f(x)}{\lim_{x \to a} g(x)} = \dfrac{\alpha}{\beta}$ (단, $g(x) \neq 0$, $\beta \neq 0$)

■ ∞는 특정한 값이 아니라 한없이 커지는 상태를 의미한다.

■ 어떤 점에서 좌극한 또는 우극한이 존재하지 않거나 좌극한과 우극한이 모두 존재하더라도 그 값이 서로 다르면 그 점에서 함수 $f(x)$의 극한값은 존재하지 않는다.

■ 함수의 극한에 관한 성질은 $x \to a+$, $x \to a-$, $x \to \infty$, $x \to -\infty$일 때에도 성립한다.

---

01 그래프를 이용하여 다음 극한값을 구하여라.

(1) $\displaystyle \lim_{x \to -1} (x^2 + 1)$

(2) $\displaystyle \lim_{x \to 3} \frac{x^2 - 3x}{x - 3}$

(3) $\displaystyle \lim_{x \to 0} \left(1 - \frac{1}{x^2}\right)$

(4) $\displaystyle \lim_{x \to -2} \frac{1}{|x + 2|}$

01 $x=a$에서 함숫값이 정의되지 않더라도 $x=a$에서의 극한값이 존재할 수 있다.

02 그래프를 이용하여 다음 극한값을 구하여라.

(1) $\displaystyle \lim_{x \to \infty} \left(\frac{1}{x} - 2\right)$

(2) $\displaystyle \lim_{x \to -\infty} \frac{1}{x - 3}$

(3) $\displaystyle \lim_{x \to \infty} (2x^2 - 4)$

(4) $\displaystyle \lim_{x \to -\infty} \sqrt{1 - x}$

03 함수 $y=f(x)$의 그래프가 오른쪽 그림과 같을 때, $\lim\limits_{x\to 0}f(x)+\lim\limits_{x\to 1+}f(x)$의 값은?

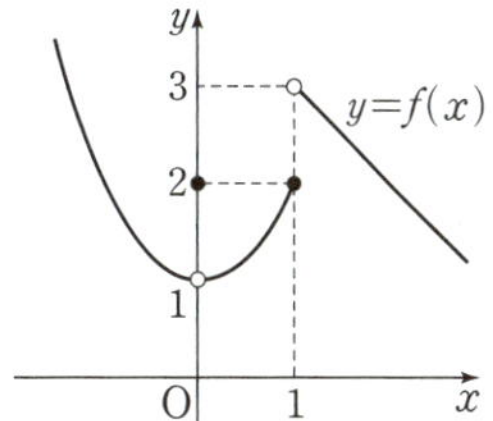

① 1　　　　② 2

③ 3　　　　④ 4

⑤ 5

04 함수 $f(x)=\begin{cases} x-2 & (x\geq 1) \\ -x^2+4 & (x<1) \end{cases}$ 에 대하여 $\lim\limits_{x\to 1-}f(x)=a$, $\lim\limits_{x\to 1+}f(x)=b$일 때, $a+b$의 값은?

① -2　　　　② -1　　　　③ 0

④ 1　　　　⑤ 2

05 함수 $f(x)=\dfrac{|x|}{x}$에 대하여 $\lim\limits_{x\to 0-}f(x)-\lim\limits_{x\to 0+}f(x)$의 값을 구하여라.

06 두 함수 $f(x)$, $g(x)$에 대하여 $\lim\limits_{x\to -2}f(x)=\dfrac{1}{4}$, $\lim\limits_{x\to -2}g(x)=-3$일 때, $\lim\limits_{x\to -2}\{8f(x)g(x)-g(x)\}$의 값을 구하여라.

07 $\lim\limits_{x\to -1}(3x-7)(x+6)=a$, $\lim\limits_{x\to 3}\dfrac{x-5}{x+5}=b$일 때, ab의 값은?

① $\dfrac{21}{2}$　　　　② 11　　　　③ $\dfrac{23}{2}$

④ 12　　　　⑤ $\dfrac{25}{2}$

02 극한값의 계산

1. 함수의 극한값의 계산

(1) $\dfrac{0}{0}$의 꼴

① 분자, 분모가 모두 다항식인 경우: 분자, 분모를 인수분해한 후 약분한다.

② 분자, 분모 중 무리식이 있는 경우: 근호가 있는 쪽을 유리화한 후 약분한다.

(2) $\dfrac{\infty}{\infty}$의 꼴: 분모의 최고차항으로 분자, 분모를 나눈다.

(3) $\infty-\infty$의 꼴

① 다항식인 경우: 최고차항으로 묶는다.

② 무리식인 경우: 근호가 있는 쪽을 유리화한다.

(4) $\infty\times0$의 꼴: 통분 또는 유리화하여 $\infty\times c$, $\dfrac{c}{\infty}$, $\dfrac{0}{0}$, $\dfrac{\infty}{\infty}$ (c는 상수)의 꼴로 변형한다.

2. 미정계수의 결정

두 함수 $f(x)$, $g(x)$에 대하여

(1) $\displaystyle\lim_{x\to a}\dfrac{f(x)}{g(x)}=\alpha$ (α는 상수)일 때, $\displaystyle\lim_{x\to a}g(x)=0$이면 $\displaystyle\lim_{x\to a}f(x)=0$

(2) $\displaystyle\lim_{x\to a}\dfrac{f(x)}{g(x)}=\alpha$ (α는 0이 아닌 상수)일 때, $\displaystyle\lim_{x\to a}f(x)=0$이면 $\displaystyle\lim_{x\to a}g(x)=0$

3. 함수의 극한의 대소 관계

$\displaystyle\lim_{x\to a}f(x)=\alpha$, $\displaystyle\lim_{x\to a}g(x)=\beta$ (α, β는 실수)일 때, a에 가까운 모든 x의 값에서

(1) $f(x)\leq g(x)$이면 $\alpha\leq\beta$

(2) 함수 $h(x)$에 대하여 $f(x)\leq h(x)\leq g(x)$이고 $\alpha=\beta$이면 $\displaystyle\lim_{x\to a}h(x)=\alpha$

■ $\dfrac{\infty}{\infty}$의 꼴의 극한값의 계산

① (분모의 차수)
  = (분자의 차수)
  ⇨ 극한값은
  $\dfrac{(분자의 최고차항의 계수)}{(분모의 최고차항의 계수)}$

② (분모의 차수)
  > (분자의 차수)
  ⇨ 극한값은 0

③ (분모의 차수)
  < (분자의 차수)
  ⇨ ∞ 또는 $-\infty$로 발산한다.

■ 함수의 대소 관계는 $x\to a+$, $x\to a-$, $x\to\infty$, $x\to-\infty$일 때에도 성립한다.

---

01 $\displaystyle\lim_{x\to 2}\dfrac{3x^2-5x-2}{x-2}$의 값은?

① -4 ② -2 ③ 1
④ 5 ⑤ 7

01

분자를 인수분해하고 약분한 후 극한값을 구한다.

02 $\displaystyle\lim_{x\to\infty}\dfrac{(4x-1)(6x^2+5)}{2x^3-3x^2}$의 값은?

① 4 ② 6 ③ 9
④ 12 ⑤ 15

02

분모의 최고차항이 x^3임을 파악하고 분자, 분모를 x^3으로 각각 나눈다.

03 $\lim\limits_{x\to\infty}\dfrac{\sqrt{x^2-4x}-1}{\sqrt{9x^2+3x^2}}$ 의 값은?

① $\dfrac{1}{4}$　　　　　② $\dfrac{1}{3}$　　　　　③ $\dfrac{1}{2}$

④ 1　　　　　⑤ $\dfrac{3}{2}$

04 $\lim\limits_{x\to\infty}(\sqrt{x^2-x}-\sqrt{x^2+x}\,)$의 값을 구하여라.

05 $\lim\limits_{x\to 0}\dfrac{1}{x}\left\{\dfrac{1}{(x+2)^2}-\dfrac{1}{4}\right\}$의 값은?

① $-\dfrac{1}{4}$　　　　　② $-\dfrac{1}{2}$　　　　　③ $\dfrac{1}{4}$

④ $\dfrac{1}{2}$　　　　　⑤ 1

06 $\lim\limits_{x\to 1}\dfrac{x^2-ax+b}{x-1}=-2$일 때, 두 상수 a, b에 대하여 $a-b$의 값을 구하여라.

07 모든 실수 x에 대하여 함수 $f(x)$가 $\dfrac{2x^2+x-1}{x^2+9}<f(x)<\dfrac{2x^2+8}{x^2+1}$을 만족시킬 때, $\lim\limits_{x\to\infty}f(x)$의 값을 구하여라.

01

함수 $y=f(x)$의 그래프가 오른쪽 그림과 같을 때,
$\lim\limits_{x \to -1-} f(x) - \lim\limits_{x \to 1+} f(x)$의 값은?

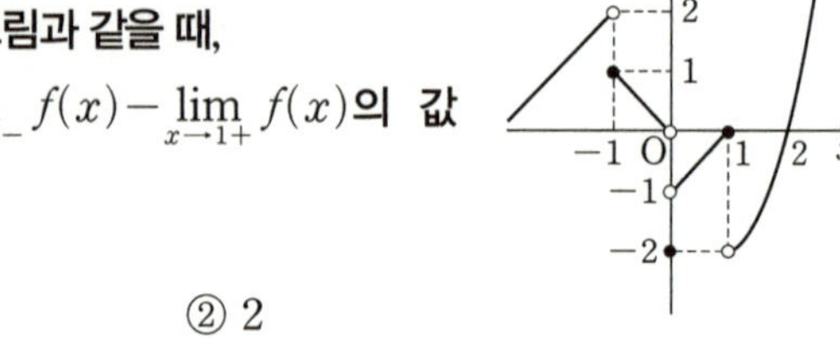

① 1   ② 2
③ 3   ④ 4
⑤ 5

02

함수 $f(x)=\dfrac{x^2-4}{|x-2|}$에 대하여 $\lim\limits_{x \to 2-} f(x)=a$, $\lim\limits_{x \to 2+} f(x)=b$일 때, $a+b$의 값은?

① 0   ② 1   ③ 2
④ 3   ⑤ 4

03

$\lim\limits_{x \to 0+} \dfrac{x-1}{[x-1]}$의 값은?

(단, $[x]$는 x보다 크지 않은 최대의 정수이다.)

① -2 ② -1 ③ 0
④ 1   ⑤ 2

04

함수 $f(x)=\begin{cases} x^2-2x+a & (x \geq -1) \\ ax-a & (x < -1) \end{cases}$에 대하여 $\lim\limits_{x \to -1} f(x)$의 값이 존재하기 위한 실수 a의 값을 구하여라.

05

$\lim\limits_{x \to 1}(x^2+ax+6)=1$일 때, $\lim\limits_{x \to -1}\sqrt{-3x-a}$의 값은?

(단, a는 상수이다.)

① -3 ② -2 ③ 0
④ 2   ⑤ 3

06

$\lim\limits_{x \to a} f(x)=4$, $\lim\limits_{x \to a}\{2f(x)-5g(x)\}=3$일 때, $\lim\limits_{x \to a} g(x)$의 값은?

① $-\dfrac{1}{2}$ ② $-\dfrac{1}{4}$ ③ 0
④ 1   ⑤ 2

07

함수 $f(x)$가 $\lim\limits_{x \to 1}(x+1)f(x)=1$을 만족시킬 때,

$\lim\limits_{x \to 1}(2x^2+1)f(x)=a$이다. $20a$의 값을 구하여라.

08

$\lim\limits_{x \to -2}\dfrac{x^2+2x}{(x+1)(x+2)}$의 값은?

① 1 　　　　② 2 　　　　③ 3

④ 4 　　　　⑤ 5

09

$\lim\limits_{x \to 2}\dfrac{3-\sqrt{x^2+5}}{x-2}$의 값은?

① -1 　　　　② $-\dfrac{2}{3}$ 　　　　③ $-\dfrac{1}{3}$

④ $\dfrac{1}{3}$ 　　　　⑤ $\dfrac{2}{3}$

10

$\lim\limits_{x \to 3}f(x)=\dfrac{1}{6}$ 일 때, $\lim\limits_{x \to 3}\dfrac{(x-3)f(x)}{\sqrt{x+6}-3}$의 값은?

① -1 　　　　② $-\dfrac{1}{2}$ 　　　　③ $-\dfrac{1}{4}$

④ $\dfrac{1}{2}$ 　　　　⑤ 1

11

함수 $f(x)=x^2+ax$가 $\lim\limits_{x \to 0}\dfrac{f(x)}{x}=4$를 만족시킬 때, 상수 a의 값은?

① 4 　　　　② 5 　　　　③ 6

④ 7 　　　　⑤ 8

12

$\lim\limits_{x \to \infty}\dfrac{10x^2-3x+1}{-5x^2+x-2}$의 값은?

① -2 　　　　② -1 　　　　③ 0

④ 1 　　　　⑤ 2

13

$\displaystyle\lim_{x\to\infty}\dfrac{7-4x}{\sqrt{x^2+8}-1}$의 값은?

① -4 ② -3 ③ -2
④ -1 ⑤ 0

14

$\displaystyle\lim_{x\to\infty}\dfrac{f(x)}{x}=a$일 때, $\displaystyle\lim_{x\to\infty}\dfrac{2x^2-3f(x)}{x^2+4f(x)}$의 값은?

(단, a는 실수이다.)

① -3 ② -2 ③ 0
④ 2 ⑤ 3

15

$\displaystyle\lim_{x\to\infty}\dfrac{ax^3+bx^2-x+6}{x^2-2x-10}=3$일 때, 두 상수 a, b에 대하여 $a+b$의 값은?

① 1 ② 2 ③ 3
④ 4 ⑤ 5

16

$\displaystyle\lim_{x\to\infty}(\sqrt{x+5}-\sqrt{x-5})$의 값은?

① 0 ② 1 ③ 2
④ 3 ⑤ 4

17

$\displaystyle\lim_{x\to-\infty}(\sqrt{x^2+2x+9}+x)$의 값은?

① -2 ② -1 ③ 0
④ 1 ⑤ 2

18

$\displaystyle\lim_{x\to0}\dfrac{1}{x}\left(\dfrac{1}{\sqrt{3}}-\dfrac{1}{\sqrt{3-x}}\right)$의 값은?

① -1 ② $-\dfrac{2}{3}$ ③ $-\dfrac{1}{3}$
④ $\dfrac{1}{3}$ ⑤ $\dfrac{2}{3}$

정답과 풀이 p.04

19

잘 나오는 수능 유형

두 실수 a, b에 대하여 $\lim\limits_{x \to 2} \dfrac{x^3 - a}{x - 2} = b$일 때, $a + b$의 값은?

① 14   ② 16   ③ 18

④ 20   ⑤ 22

20

잘 나오는 내신 유형

$\lim\limits_{x \to 1} \dfrac{\sqrt{x+a} - b}{x - 1} = \dfrac{1}{4}$일 때, 두 상수 a, b에 대하여 ab의 값을 구하여라.

21

$\lim\limits_{x \to -3} \dfrac{x+3}{x^2 - ax - b} = -\dfrac{1}{2}$일 때, 두 상수 a, b에 대하여 $a - b$의 값은?

① -4 ② -3 ③ -1

④ 2   ⑤ 5

22

잘 틀리는 수능 유형

다항함수 $f(x)$가 다음 조건을 만족시킨다.

(가) $\lim\limits_{x \to \infty} \dfrac{f(x)}{x^2} = 2$ (나) $\lim\limits_{x \to 0} \dfrac{f(x)}{x} = 3$

$f(2)$의 값은?

① 11   ② 14   ③ 17

④ 20   ⑤ 23

23

모든 실수 x에 대하여 함수 $f(x)$가
$$4x^2 - 2 \leq (2x^2 + 1)f(x) \leq 4x^2 + 3$$
을 만족시킬 때, $\lim\limits_{x \to \infty} f(x)$의 값을 구하여라.

24

모든 실수 x에 대하여 함수 $f(x)$가
$$\dfrac{3x+1}{x^2+5} < f(x) < \dfrac{3x+6}{x^2+3}$$
을 만족시킬 때, $\lim\limits_{x \to \infty} x f(x)$의 값은?

① 1   ② 2   ③ 3

④ 4   ⑤ 5

필수 개념 03 함수의 연속

---

1. 함수의 연속

함수 $f(x)$가 실수 a에 대하여 다음 세 가지 조건을 모두 만족시키면 $f(x)$는 $x=a$에서 연속이라고 한다.

(ⅰ) 함수 $f(x)$는 $x=a$에서 정의되어 있다. ⇦ 함숫값 존재

(ⅱ) 극한값 $\lim\limits_{x\to a} f(x)$가 존재한다. ⇦ 극한값 존재

(ⅲ) $\lim\limits_{x\to a} f(x)=f(a)$ ⇦ (극한값)=(함숫값)

> ◼ 함수 $f(x)$가 함수의 연속 조건 세 가지 중 어느 한 가지라도 만족시키지 않으면 $f(x)$는 $x=a$에서 불연속이라고 한다.

2. 구간

두 실수 a, b $(a<b)$에 대하여 $[a, b]$를 닫힌구간, (a, b)를 열린구간, $[a, b)$와 $(a, b]$를 반열린 구간 또는 반닫힌 구간이라고 한다.

	닫힌구간	열린구간	반닫힌 구간 또는 반열린 구간	
구간	$\{x\,|\,a\le x\le b\}$	$\{x\,|\,a<x<b\}$	$\{x\,|\,a\le x<b\}$	$\{x\,|\,a<x\le b\}$
기호	$[a, b]$	(a, b)	$[a, b)$	$(a, b]$
수직선	$\overset{\bullet\quad\bullet}{a\quad b}$	$\overset{\circ\quad\circ}{a\quad b}$	$\overset{\bullet\quad\circ}{a\quad b}$	$\overset{\circ\quad\bullet}{a\quad b}$

3. 연속함수

함수 $f(x)$가 어떤 구간의 모든 실수에서 연속일 때, 함수 $f(x)$는 그 구간에서 연속 또는 그 구간에서 연속함수라고 한다.

> ◼ 함수 $f(x)$가 다음 조건을 모두 만족시킬 때, 함수 $f(x)$는 닫힌구간 $[a, b]$에서 연속이라고 한다.
> (ⅰ) 열린구간 (a, b)에서 연속이다.
> (ⅱ) $\lim\limits_{x\to a+} f(x)=f(a)$, $\lim\limits_{x\to b-} f(x)=f(b)$

---

01 함수 $y=f(x)$의 그래프가 오른쪽 그림과 같을 때, 다음 |보기|에서 옳은 것만을 있는 대로 골라라.

> |보기|
> ㄱ. $\lim\limits_{x\to 0} f(x)$의 값이 존재한다.
> ㄴ. 함수 $f(x)$는 $x=-1$에서 연속이다.
> ㄷ. 함수 $f(x)$는 $x=1$에서 불연속이다.

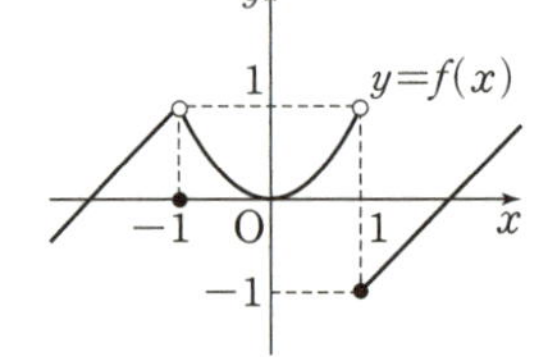

> **01**
> 함수 $y=f(x)$의 그래프가 $x=a$에서
> ① 끊어지지 않고 이어져 있으면
> ⇨ $x=a$에서 연속
> ② 끊어져 있으면
> ⇨ $x=a$에서 불연속

02 다음 함수가 $x=0$에서 연속인지 불연속인지 조사하여라.

(단, $[x]$는 x보다 크지 않은 최대의 정수이다.)

(1) $f(x)=x^2-1$　　(2) $f(x)=\dfrac{|x|}{x}$　　(3) $f(x)=[x]$

> **02**
> 함수 $f(x)$가 $\lim\limits_{x\to a} f(x)=f(a)$를 만족시키면
> ⇨ $x=a$에서 연속

03 함수 $f(x) = \begin{cases} x+3 & (x \neq -1) \\ -x+k & (x=-1) \end{cases}$ 가 모든 실수 x에서 연속이 되도록 하는 상수 k의 값은?

① -2 ② -1 ③ 0

④ 1 ⑤ 2

04 함수 $f(x) = \begin{cases} \dfrac{x^2-7x+a}{x-2} & (x \neq 2) \\ b & (x=2) \end{cases}$ 가 $x=2$에서 연속이 되도록 하는 두 상수 a, b에 대하여 $a+b$의 값은?

① 3 ② 4 ③ 5

④ 6 ⑤ 7

05 함수 $f(x) = \dfrac{x}{x-9}$의 정의역의 구간을 기호로 나타내어라.

06 함수 $f(x) = \sqrt{x-4}$가 연속인 구간을 구하여라.

07 함수 $f(x) = \begin{cases} x^2+8x+a & (x \geq -2) \\ x-7 & (x < -2) \end{cases}$ 이 모든 실수 x에서 연속이 되도록 하는 상수 a의 값은?

① -3 ② -2 ③ 1

④ 2 ⑤ 3

필수 개념 04 연속함수의 성질

1. 연속함수의 성질

두 함수 $f(x)$, $g(x)$가 $x=a$에서 연속이면 다음 함수도 $x=a$에서 연속이다.

① $cf(x)$ (단, c는 상수이다.) 　　② $f(x) \pm g(x)$

③ $f(x)g(x)$　　④ $\dfrac{f(x)}{g(x)}$ (단, $g(x) \neq 0$)

2. 최대·최소 정리

함수 $f(x)$가 닫힌구간 $[a, b]$에서 연속이면 이 구간에서 반드시 최댓값과 최솟값을 갖는다.

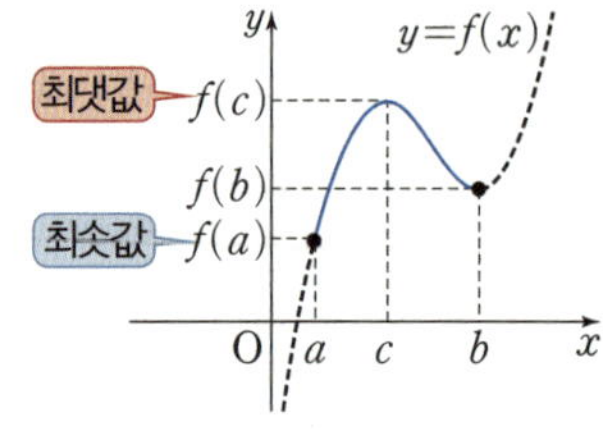

3. 사잇값의 정리

(1) **사잇값의 정리**: 함수 $f(x)$가 닫힌구간 $[a, b]$에서 연속이고 $f(a) \neq f(b)$이면 $f(a)$와 $f(b)$ 사이에 있는 임의의 실수 k에 대하여 $f(c)=k$를 만족시키는 c가 열린구간 (a, b)에 적어도 하나 존재한다.

(2) **사잇값의 정리의 활용**: 함수 $f(x)$가 닫힌구간 $[a, b]$에서 연속이고 $f(a)f(b) < 0$이면 방정식 $f(x)=0$은 열린구간 (a, b)에서 적어도 하나의 실근을 갖는다.

> ■ 일반적으로 함수 $f(x)$가 $x=a$에서 연속이고 함수 $g(x)$가 $x=f(a)$에서 연속이면 합성함수 $(g \circ f)(x)$는 $x=a$에서 연속이다.
>
> ■ 닫힌구간이 아닌 구간에서 정의된 연속함수는 최댓값 또는 최솟값을 갖지 않을 수 있다.
>
> ■ 함수 $f(x)$가 연속이 아니면 닫힌구간 $[a, b]$에서도 최댓값 또는 최솟값을 갖지 않을 수 있다.

---

01 두 함수 $f(x)=2x^2-1$, $g(x)=x+1$에 대하여 다음 함수가 연속인 구간을 구하여라.

(1) $2f(x)-f(x)g(x)$　　(2) $\dfrac{f(x)}{g(x)}$

> **01**
> ① 다항함수
> 　⇨ 모든 실수에서 연속
> 　⇨ 열린구간 $(-\infty, \infty)$에서 연속
> ② 유리함수 $y=\dfrac{f(x)}{g(x)}$
> 　⇨ $g(x) \neq 0$인 모든 실수에서 연속

02 두 함수 $f(x)$, $g(x)$가 $x=a$에서 연속일 때, 다음 |보기|의 함수 중 $x=a$에서 항상 연속인 것만을 있는 대로 골라라.

|보기|

ㄱ. $f(x)+3g(x)$　　ㄴ. $\{g(x)\}^2$

ㄷ. $f(x)-\dfrac{1}{2g(x)}$　　ㄹ. $2f(x)g(x)$

03 함수 $y=f(x)$의 그래프가 오른쪽 그림과 같을 때, 닫힌구간 $[-2, 2]$에서 함수 $f(x)$의 최댓값과 최솟값을 구하여라.

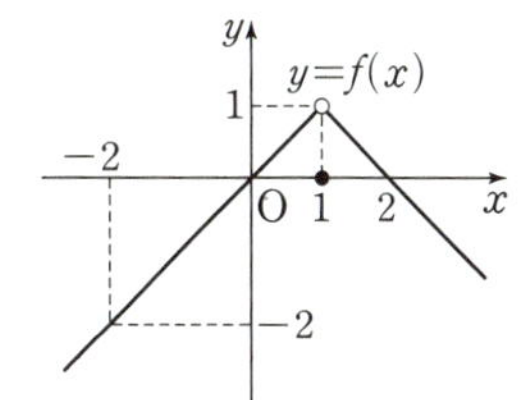

04 닫힌구간 $[-3, 1]$에서 함수 $f(x)=\dfrac{2x}{x-3}$의 최댓값을 a, 최솟값을 b라고 할 때, ab의 값은?

① -3 ② -2 ③ -1

④ 2 ⑤ 3

05 다음은 함수 $f(x)=x^2-x+2$에 대하여 $f(c)=4$인 c가 열린구간 $(-2, 1)$에 적어도 하나 존재함을 증명한 것이다. ㈎, ㈏, ㈐에 알맞은 것을 써넣어라.

> 함수 $f(x)=x^2-x+2$는 열린구간 $(-\infty, \infty)$에서 | ㈎ |이므로 닫힌구간 $[-2, 1]$에서 | ㈏ |이다.
> 또, $f(-2)\neq f(1)$이고 $f(1)<4<f(-2)$이므로 | ㈐ |에 의하여 $f(c)=4$인 c가 열린구간 $(-2, 1)$에 적어도 하나 존재한다.

06 방정식 $x^2-9x+4=0$이 열린구간 $(-1, 1)$에서 적어도 하나의 실근을 가짐을 보여라.

07 다음 중 방정식 $2x^3+x-5=0$의 실근이 존재하는 구간은?

① $(-1, 0)$ ② $(0, 1)$ ③ $(1, 2)$

④ $(2, 3)$ ⑤ $(3, 4)$

01

다음 |보기|의 함수 중 $x=1$에서 항상 연속인 것만을 있는 대로 고른 것은?

|보기|

ㄱ. $f(x)=|x-1|$ ㄴ. $f(x)=\dfrac{1}{x-1}$

ㄷ. $f(x)=\begin{cases}\dfrac{x^2-1}{x-1} & (x\neq 1)\\ 2 & (x=1)\end{cases}$

① ㄱ　　　　② ㄴ　　　　③ ㄱ, ㄷ
④ ㄴ, ㄷ　　　⑤ ㄱ, ㄴ, ㄷ

02

열린구간 $(-2,\ 2)$에서 함수 $y=f(x)$의 그래프가 오른쪽 그림과 같을 때, 다음 중 옳은 것은?

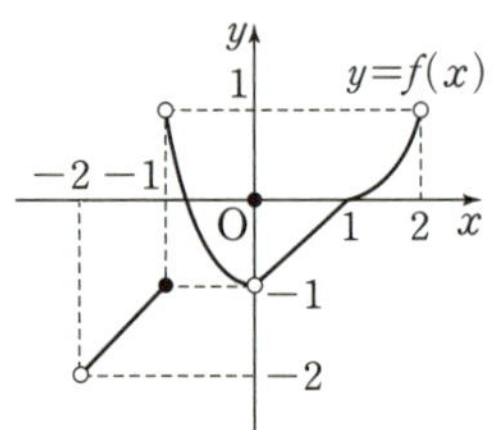

① $\lim\limits_{x\to -1} f(x)$의 값이 존재한다.

② $\lim\limits_{x\to 1} f(x)$의 값이 존재한다.

③ 함수 $f(x)$는 $x=-1$에서 연속이다.

④ 함수 $f(x)$는 $x=0$에서 연속이다.

⑤ 함수 $f(x)$는 $x=1$에서 불연속이다.

03

열린구간 $(-3,\ 1)$에서 함수 $y=f(x)$의 그래프가 오른쪽 그림과 같을 때, 불연속인 점의 개수를 a, 함수의 극한값이 존재하지 않는 점의 개수를 b라고 하자. 이때 ab의 값을 구하여라.

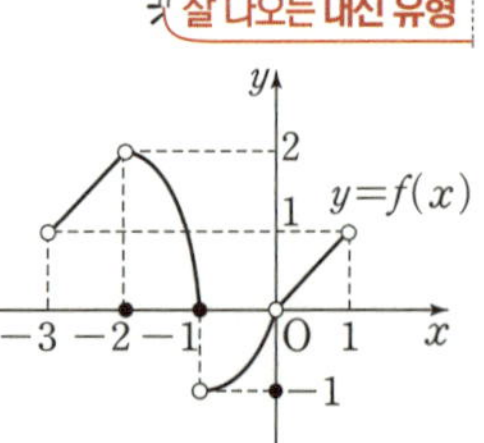

04

함수 $f(x)=\begin{cases}\dfrac{x^2+3x-10}{x-2} & (x\neq 2)\\ 5 & (x=2)\end{cases}$ 가 $x=2$에서 연속인지 불연속인지 조사하여라.

05

함수 $f(x)=\begin{cases}5x^2-a & (x\neq 1)\\ x^3+a & (x=1)\end{cases}$ 가 실수 전체의 집합에서 연속일 때, 상수 a의 값은?

① $\dfrac{3}{2}$　　　　② 2　　　　③ $\dfrac{5}{2}$

④ 3　　　　⑤ $\dfrac{7}{2}$

06

함수 $f(x)=\begin{cases}\dfrac{x^2-5x+a}{x-3} & (x\neq 3)\\ b & (x=3)\end{cases}$ 가 실수 전체의 집합에서 연속일 때, $a+b$의 값은? (단, a, b는 상수이다.)

① 1　　　　② 3　　　　③ 5
④ 7　　　　⑤ 9

07

연속함수 $f(x)$가 $(x-1)f(x)=\sqrt{x+8}-3$을 만족시킬 때, $f(1)$의 값은?

① $\dfrac{1}{6}$　　　② $\dfrac{1}{3}$　　　③ $\dfrac{1}{2}$

④ $\dfrac{2}{3}$　　　⑤ $\dfrac{5}{6}$

08

잘 틀리는 내신 유형

두 함수 $y=f(x)$, $y=g(x)$의 그래프가 다음 그림과 같다.

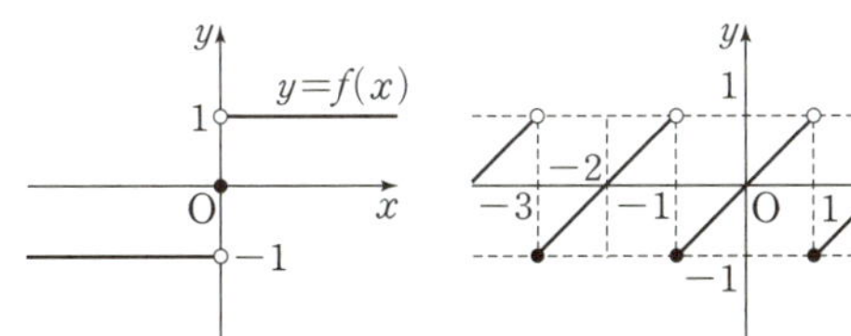

합성함수 $(g \circ f)(x)$에 대하여 |보기|에서 옳은 것만을 있는 대로 고른 것은?

|보기|

ㄱ. $(g \circ f)(0)=0$

ㄴ. $\lim\limits_{x \to 0}(g \circ f)(x)$의 값이 존재한다.

ㄷ. $(g \circ f)(x)$는 $x=0$에서 연속이다.

① ㄴ　　　② ㄱ, ㄴ　　　③ ㄱ, ㄷ

④ ㄴ, ㄷ　　　⑤ ㄱ, ㄴ, ㄷ

09

잘 나오는 내신 유형

실수 전체의 집합에서 연속인 함수 $f(x)$가 등식 $(x-2)f(x)=x^2+x+k$를 만족시킬 때, $f(2)$의 값은?

① 5　　　② 6　　　③ 7

④ 8　　　⑤ 9

10

함수 $f(x)=\dfrac{x-4}{x^2-16}$가 연속인 구간을 구하여라.

11

함수 $f(x)=\begin{cases} ax+1 & (x \geq 4) \\ 2x+3 & (x<4) \end{cases}$이 $x=4$에서 연속일 때, 상수 a의 값은?

① $\dfrac{3}{2}$　　　② 2　　　③ $\dfrac{5}{2}$

④ 3　　　⑤ $\dfrac{7}{2}$

12

함수 $f(x)=\begin{cases} x^2 & (-1 \leq x \leq 1) \\ ax+b & (x<-1, x>1) \end{cases}$가 모든 실수 x에서 연속일 때, $a-b$의 값은? (단, a, b는 상수이다.)

① -2　　　② -1　　　③ 0

④ 1　　　⑤ 2

13

함수 $f(x)$가 $f(x)=\begin{cases} a & (x\leq 1) \\ -x+2 & (x>1) \end{cases}$일 때, |보기|에서 옳은 것만을 있는 대로 고른 것은? (단, a는 상수이다.)

|보기|

ㄱ. $\lim\limits_{x\to 1+} f(x)=1$

ㄴ. $a=0$이면 함수 $f(x)$는 $x=1$에서 연속이다.

ㄷ. 함수 $y=(x-1)f(x)$는 실수 전체의 집합에서 연속이다.

① ㄱ   ② ㄴ   ③ ㄱ, ㄷ

④ ㄴ, ㄷ   ⑤ ㄱ, ㄴ, ㄷ

14

두 함수 $f(x)=x+3$, $g(x)=x^2-6x+9$에 대하여 함수 $\dfrac{f(x)}{g(x)}$가 연속인 구간을 구하여라.

15

두 함수 $f(x)=x^2+1$, $g(x)=\dfrac{1}{x}$에 대하여 다음 중 실수 전체의 집합에서 연속인 함수는?

① $f(x)+g(x)$ ② $f(x)-g(x)$

③ $f(x)g(x)$ ④ $\dfrac{f(x)}{g(x)}$

⑤ $\{g(x)+1\}^2$

16

두 함수 $f(x)=x-1$, $g(x)=x^2+x-2$에 대하여 함수 $\dfrac{f(x)}{g(x)}$가 $x=a$에서 불연속일 때, 모든 상수 a의 값의 합은?

① -2 ② -1 ③ 0

④ 1   ⑤ 2

17

닫힌구간 $[-2, 2]$에서 함수 $f(x)=\sqrt{2-x}$의 최댓값과 최솟값을 구하여라.

18

닫힌구간 $[2, 5]$에서 함수 $f(x)=\dfrac{x+3}{x-1}$의 최댓값과 최솟값을 각각 M, m이라고 할 때, $M-m$의 값은?

① 1   ② 3   ③ 5

④ 7   ⑤ 9

19

닫힌구간 $[-2, 3]$에서 함수

$$f(x)=\begin{cases} \dfrac{x^3+x^2-4x-4}{x+1} & (x\neq -1) \\ -3 & (x=-1) \end{cases}$$

의 최댓값과 최솟값의 합은?

① -1　　　　② 0　　　　③ 1

④ 2　　　　⑤ 3

20

닫힌구간 $[-1, 4]$에서 함수 $y=f(x)$의 그래프가 오른쪽 그림과 같을 때, |보기|에서 옳은 것만을 있는 대로 고른 것은?

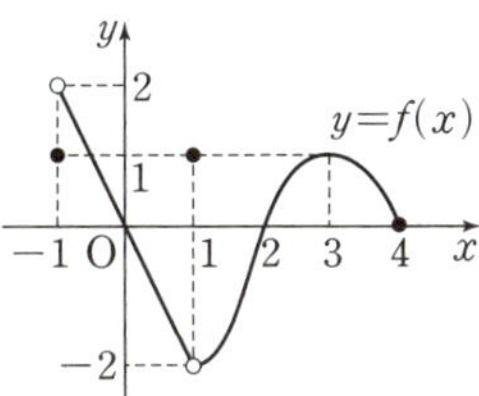

|보기|
ㄱ. 불연속인 점은 2개이다.
ㄴ. 닫힌구간 $[0, 2]$에서 최솟값을 갖는다.
ㄷ. 닫힌구간 $[2, 4]$에서 최댓값을 갖는다.

① ㄱ　　　　② ㄴ　　　　③ ㄱ, ㄴ

④ ㄱ, ㄷ　　　　⑤ ㄴ, ㄷ

21

잘 나오는 내신 유형

연속함수 $f(x)$에 대하여 $f(-2)=7$, $f(-1)=1$, $f(0)=2$, $f(1)=-3$, $f(2)=4$일 때, 방정식 $f(x)=0$은 열린구간 $(-2, 2)$에서 적어도 몇 개의 실근을 갖는가?

① 1개　　　　② 2개　　　　③ 3개

④ 4개　　　　⑤ 5개

22

방정식 $x^3+3x-3=0$이 오직 하나의 실근 a를 가질 때, 다음 중 a가 속하는 구간은?

① $(-2, -1)$　　　　② $(-1, 0)$

③ $\left(0, \dfrac{1}{2}\right)$　　　　④ $\left(\dfrac{1}{2}, 1\right)$

⑤ $(1, 2)$

23

다음 중 방정식 $x^2+kx-5=0$이 열린구간 $(-1, 3)$에서 적어도 하나의 실근을 갖도록 하는 k의 값이 <u>아닌</u> 것은?

① -2　　　　② -1　　　　③ 0

④ 1　　　　⑤ 2

24

연속함수 $f(x)$가 $f(1)=a$, $f(2)=a-6$을 만족시킬 때, 방정식 $f(x)+x^2=0$이 1과 2 사이에서 적어도 하나의 실근을 갖도록 하는 실수 a의 값의 범위를 구하여라.

05 평균변화율과 미분계수

1. 평균변화율

(1) **평균변화율**: 함수 $y=f(x)$에서 x의 값이 a에서 b까지 변할 때의 평균변화율은

$$\frac{\Delta y}{\Delta x}=\frac{f(b)-f(a)}{b-a}=\frac{f(a+\Delta x)-f(a)}{\Delta x}$$

(2) **평균변화율의 기하적 의미**: 평균변화율은 곡선 $y=f(x)$ 위의 두 점 $A(a, f(a))$, $B(b, f(b))$를 지나는 직선 AB의 기울기와 같다.

2. 미분계수(순간변화율)

(1) **미분계수**: 함수 $y=f(x)$에서 $x=a$에서의 순간변화율 또는 미분계수는

$$f'(a)=\lim_{\Delta x \to 0}\frac{\Delta y}{\Delta x}=\lim_{\Delta x \to 0}\frac{f(a+\Delta x)-f(a)}{\Delta x}=\lim_{x \to a}\frac{f(x)-f(a)}{x-a}$$

(2) **미분계수의 기하적 의미**: $x=a$에서의 미분계수 $f'(a)$는 곡선 $y=f(x)$ 위의 점 $(a, f(a))$에서의 접선의 기울기와 같다.

■ 곡선 $y=f(x)$에서
① 두 점 $(a, f(a))$와 $(b, f(b))$를 이은 직선의 기울기 ⇨ 평균변화율
② 점 $(a, f(a))$에서의 접선의 기울기 ⇨ 미분계수

■ Δx 대신 h를 사용하여 $f'(a)$를 다음과 같이 나타낼 수도 있다.
$$f'(a)=\lim_{h \to 0}\frac{f(a+h)-f(a)}{h}$$

---

01 함수 $f(x)=2x^2-5x$에 대하여 x의 값이 -1에서 2까지 변할 때 평균변화율은?

① -3 ② -1 ③ 0
④ 1 ⑤ 3

01
함수 $y=f(x)$에서 x의 값이 a에서 b까지 변할 때 y의 값은 $f(a)$에서 $f(b)$까지 변한다.
⇨ (평균변화율)$=\dfrac{f(b)-f(a)}{b-a}$

02 함수 $f(x)=-x^3+x-4$의 $x=-3$에서의 미분계수는?

① -29 ② -28 ③ -27
④ -26 ⑤ -25

02
함수 $y=f(x)$에서 $x=a$에서의 미분계수는
$$f'(a)=\lim_{x \to a}\frac{f(x)-f(a)}{x-a}$$

03 곡선 $f(x)=3x^3-x^2$ 위의 점 $(1, 2)$에서의 접선의 기울기는?

① 1 ② 3 ③ 5
④ 7 ⑤ 9

03
$x=a$에서의
(접선의 기울기) = (미분계수)

04 함수 $f(x)=x^2+3x+1$에 대하여 x의 값이 1에서 2까지 변할 때의 평균변화율과 $x=a$에서의 미분계수가 같을 때, 상수 a의 값은? (단, $1<a<2$)

① $\dfrac{7}{6}$ ② $\dfrac{6}{5}$ ③ $\dfrac{5}{4}$

④ $\dfrac{4}{3}$ ⑤ $\dfrac{3}{2}$

05 다항함수 $f(x)$에 대하여 $\lim\limits_{h \to 0}\dfrac{f(a+2h)-f(a)}{h}$의 값을 $f'(a)$를 이용하여 나타내면?

① $\dfrac{1}{2}f'(a)$ ② $f'(a)$ ③ $\dfrac{3}{2}f'(a)$

④ $2f'(a)$ ⑤ $\dfrac{5}{2}f'(a)$

06 다항함수 $f(x)$에서 $f'(1)=-2$일 때, $\lim\limits_{h \to 0}\dfrac{f(1+3h)-f(1-h)}{h}$의 값을 구하여라.

07 다항함수 $f(x)$에서 $f'(2)=12$일 때, $\lim\limits_{x \to 2}\dfrac{f(x)-f(2)}{x^2-4}$의 값은?

① -3 ② -2 ③ -1

④ 2 ⑤ 3

08 다항함수 $f(x)$에서 $f(1)=3$, $f'(1)=5$일 때, $\lim\limits_{x \to 1}\dfrac{x^2 f(1)-f(x)}{x-1}$의 값은?

① 1 ② 2 ③ 3

④ 4 ⑤ 5

 06 미분가능성과 연속성

필수 개념

1. 미분가능성과 연속성

함수 $f(x)$가 $x=a$에서 미분가능하면 $f(x)$는 $x=a$에서 연속이다.

그러나 그 역이 반드시 성립하는 것은 아니다.

즉, 함수 $f(x)$가 $x=a$에서 연속이라고 해서 반드시 $x=a$에서 미분가능한 것은 아니다.

참고

함수 $f(x)$가 어떤 구간에 속하는 모든 x에서 미분가능하면 함수 $f(x)$는 그 구간에서 미분가능하다고 한다. 특히 함수 $f(x)$가 정의역에 속하는 모든 x에서 미분가능하면 함수 $f(x)$는 미분가능한 함수라고 한다.

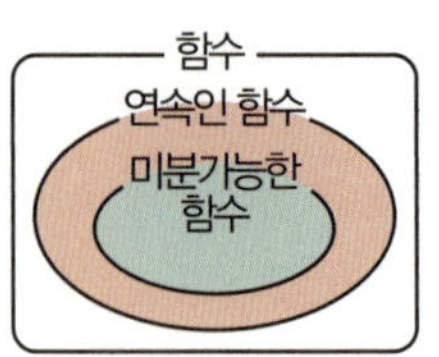

◼ 함수 $f(x)$가 $x=a$에서 미분가능하지 않은 경우
① $x=a$에서 불연속인 경우
② $x=a$에서 그래프가 꺾인 경우

---

01 다음은 함수 $f(x)=|x|$에 대하여 $x=0$에서의 연속성과 미분가능성을 조사하는 과정이다. (개)~(매)에 알맞은 것을 써넣어라.

(i) $\displaystyle\lim_{x\to0-}f(x)=\lim_{x\to0-}|x|=\lim_{x\to0-}(-x)=\boxed{(개)}$

$\displaystyle\lim_{x\to0+}f(x)=\lim_{x\to0+}|x|=\lim_{x\to0+}x=\boxed{(개)}$,

$f(0)=\boxed{(개)}$이므로

$\displaystyle\lim_{x\to0}f(x)=f(0)$

따라서 함수 $f(x)$는 $x=0$에서 $\boxed{(내)}$이다.

(ii) $\displaystyle\lim_{x\to0-}\frac{f(x)-f(0)}{x-0}=\lim_{x\to0-}\frac{|x|}{x}=\lim_{x\to0-}\frac{-x}{x}=\boxed{(라)}$,

$\displaystyle\lim_{x\to0+}\frac{f(x)-f(0)}{x-0}=\lim_{x\to0+}\frac{|x|}{x}=\lim_{x\to0+}\frac{x}{x}=\boxed{(다)}$

이므로 $f'(0)=\displaystyle\lim_{x\to0}\frac{f(x)-f(0)}{x-0}$이 존재하지 않는다.

따라서 함수 $f(x)$는 $x=0$에서 $\boxed{(매)}$하지 않다.

(i), (ii)에서 함수 $f(x)=|x|$는 $x=0$에서 $\boxed{(내)}$이지만 $\boxed{(매)}$하지 않다.

01

함수 $f(x)$가

(i) $\displaystyle\lim_{x\to a}f(x)=f(a)$이면 $x=a$에서 연속이다.

(ii) 미분계수

$\displaystyle\lim_{h\to0}\frac{f(a+h)-f(a)}{h}$가 존재하면 $x=a$에서 미분가능하다.

---

02 함수 $f(x)=\begin{cases} x^3 & (x\geq0) \\ x^2 & (x<0) \end{cases}$에 대하여 다음을 조사하여라.

(1) $x=0$에서의 연속성

(2) $x=0$에서의 미분가능성

03 다음 함수 $f(x)$에 대하여 $x=1$에서 연속성과 미분가능성을 조사하여라.

(1) $f(x)=|x^2-1|$

(2) $f(x)=\begin{cases} 2x^2+x-4 \ (x\geq 1) \\ x^2-2 \quad (x<1) \end{cases}$

03

미분가능하면 연속이다. 하지만 연속이라고 미분가능한 것은 아니다.

04 그래프가 다음 그림과 같은 함수 중에서 $x=a$에서 미분가능한 것은?

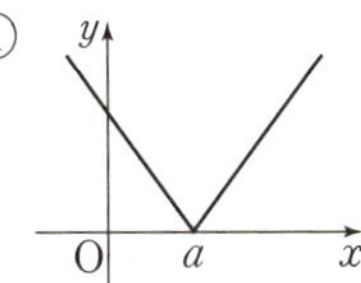

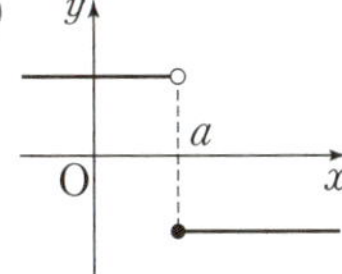

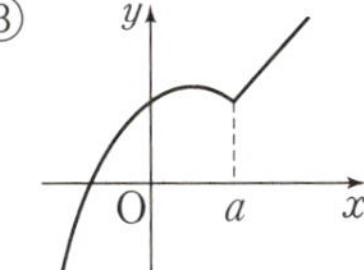

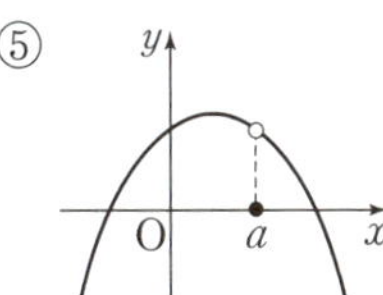

05 열린구간 $(a,\ e)$에서 함수 $y=f(x)$의 그래프가 오른쪽 그림과 같다. 함수 $f(x)$가 불연속인 점의 개수를 m, 미분가능하지 않은 점의 개수를 n이라고 할 때, $2m+n$의 값을 구하여라.

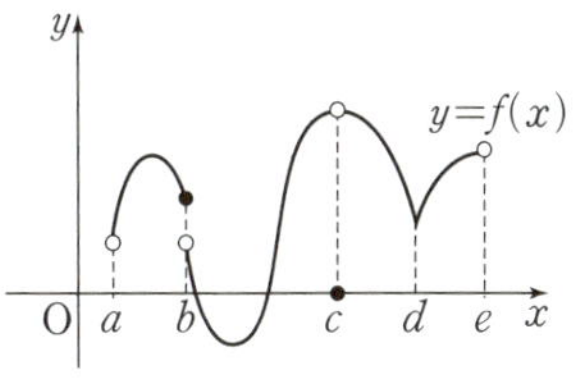

05

함수 $y=f(x)$의 그래프에서
① 불연속인 점
  ⇨ 끊어져 있는 점
② 미분가능하지 않은 점
  ⇨ 불연속인 점, 뾰족한 점

06 함수 $y=f(x)$의 그래프가 오른쪽 그림과 같을 때, 다음 |보기| 중 옳은 것만을 있는 대로 고른 것은?

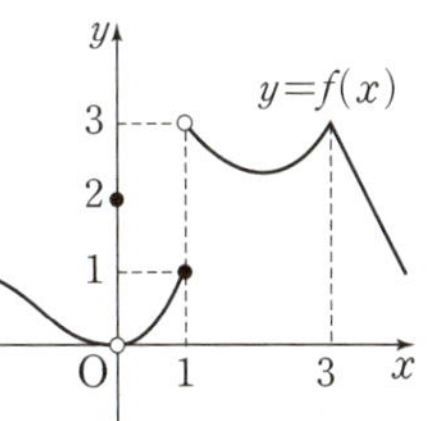

|보기|

ㄱ. $f(x)$는 $x=0$에서 불연속이다.

ㄴ. $f(x)$는 $x=1$에서 미분가능하다.

ㄷ. $f(x)$는 $x=3$에서 연속이다.

ㄹ. $f(x)$는 $x=3$에서 미분가능하다.

① ㄱ   ② ㄴ   ③ ㄱ, ㄷ

④ ㄱ, ㄹ   ⑤ ㄱ, ㄴ, ㄷ

필수 개념 07 도함수

---

1. 도함수

미분가능한 함수 $f(x)$의 도함수 $f'(x)$는

$$f'(x)=\lim_{h \to 0}\frac{f(x+h)-f(x)}{h}$$

2. 미분법의 공식

세 함수 $f(x)$, $g(x)$, $h(x)$가 미분가능할 때

(1) $y=c$ (c는 상수)이면 $y'=0$

(2) $y=x^n$ (n은 자연수)이면 $y=nx^{n-1}$

(3) $y=cf(x)$ (c는 상수)이면 $y'=cf'(x)$

(4) $y=f(x) \pm g(x)$이면 $y'=f'(x) \pm g'(x)$ (복호동순)

(5) $y=f(x)g(x)$이면 $y'=f'(x)g(x)+f(x)g'(x)$

(6) $y=f(x)g(x)h(x)$이면

$\quad y'=f'(x)g(x)h(x)+f(x)g'(x)h(x)+f(x)g(x)h'(x)$

(7) $y=\{f(x)\}^n$ (n은 자연수)이면 $y'=n\{f(x)\}^{n-1}f'(x)$

> ■ 함수 $y=f(x)$의 도함수를 기호로 y', $f'(x)$, $\dfrac{dy}{dx}$, $\dfrac{d}{dx}f(x)$와 같이 나타낸다.
>
> ■ 함수 $y=f(x)$에서 그 도함수 $f'(x)$를 구하는 것을 함수 $y=f(x)$를 x에 대하여 미분한다고 하고, 그 계산법을 미분법이라고 한다.
>
> ■ 함수 $f(x)$가 $x=a$에서 미분가능할 조건
> ① $\lim\limits_{x \to a-} f(x)$
> $\quad =\lim\limits_{x \to a+} f(x)=f(a)$
> ② $\lim\limits_{x \to a-} f'(x)$
> $\quad =\lim\limits_{x \to a+} f'(x)$

---

01 다음 함수를 미분하여라.

(1) $y=-3$

(2) $y=x^6$

(3) $y=-2x+1$

(4) $y=x^3+2x^2-5x+7$

> **01**
> 두 함수 $f(x)$, $g(x)$가 미분가능하고 a, b가 상수일 때
> ① $y=af(x)+bg(x)$이면
> $\quad y'=af'(x)+bg'(x)$
> ② $y=af(x)-bg(x)$이면
> $\quad y'=af'(x)-bg'(x)$

02 다음 함수를 미분하여라.

(1) $y=(x+1)(3x^2-4)$

(2) $y=x(x^2-2)(x+6)$

(3) $y=(2x-5)^3$

(4) $y=(3-x)^2(x-1)$

03 함수 $f(x)=\dfrac{1}{4}x^4+\dfrac{1}{3}x^3+\dfrac{1}{2}x^2+x$의 $x=-2$에서의 미분계수를 구하여라.

> **03**
> $x=a$에서의 미분계수는 함수 $f(x)$의 도함수 $f'(x)$에 $x=a$를 대입한 것과 같다. ⇨ $f'(a)$

04 함수 $f(x)=(x^3+3)(x^2-x)$에 대하여 $f'(1)$의 값은?

  ① -11 ② -7 ③ -3

  ④ 1 ⑤ 4

05 함수 $f(x)=-2x^2+3x+1$에 대하여 $\displaystyle\lim_{h\to 0}\frac{f(3+h)-f(3-2h)}{h}$의 값을 구하여라.

06 함수 $f(x)=x^3+ax^2+bx$에 대하여 $\displaystyle\lim_{x\to -1}\frac{f(x)-f(-1)}{x+1}=3$, $\displaystyle\lim_{x\to 2}\frac{f(x)-f(2)}{x-2}=-6$일 때, ab의 값은? (단, a, b는 상수이다.)

  ① 6 ② 9 ③ 12

  ④ 15 ⑤ 18

07 함수 $f(x)=\begin{cases} x^3-ax & (x<2) \\ bx^2+2x+4 & (x\geq 2) \end{cases}$가 $x=2$에서 미분가능할 때, $a+b$의 값은?

                                           (단, a, b는 상수이다.)

  ① -10 ② -5 ③ 0

  ④ 5 ⑤ 10

08 다항함수 x^5+4x^2-10을 $(x-1)^2$으로 나누었을 때의 나머지를 구하여라.

01

함수 $f(x)=x^2-2x$에 대하여 x의 값이 a에서 $a+1$까지 변할 때의 평균변화율이 -5일 때, a의 값은?

① -3 ② -2 ③ -1

④ 2 ⑤ 3

02

곡선 $f(x)=x^3+x+1$ 위의 두 점 A, B의 x좌표가 각각 $x=-1$, $x=1$일 때, 직선 AB의 기울기는?

① -2 ② -1 ③ 1

④ 2 ⑤ 3

03

이차함수 $y=f(x)$의 그래프는 오른쪽 그림과 같고 직선 AB의 기울기가 3일 때, x의 값이 0에서 1까지 변할 때의 함수 $f(x)$의 평균변화율을 구하여라.

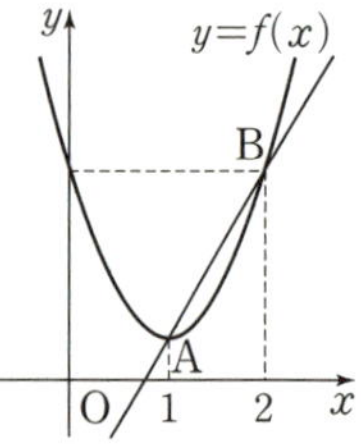

04

함수 $f(x)=x^2+ax+b$에 대하여 닫힌구간 $[1,\ 4]$에서의 평균변화율이 2일 때, $x=4$에서의 미분계수는?

(단, a, b는 상수이다.)

① -5 ② -4 ③ 4

④ 5 ⑤ 6

05

오른쪽 그림은 미분가능한 함수 $y=f(x)$와 $y=x$의 그래프이다. $0<a<b$일 때, 다음 |보기| 중 옳은 것만을 있는 대로 골라라.

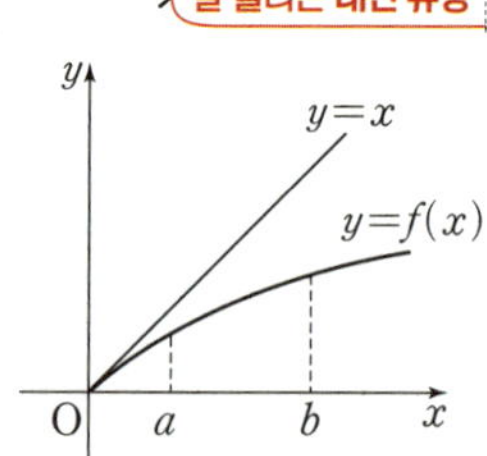

|보기|

ㄱ. $\dfrac{f(a)}{a}<\dfrac{f(b)}{b}$

ㄴ. $f(b)-f(a)>b-a$

ㄷ. $f'(a)>f'(b)$

06

다항함수 $f(x)$에서 $f'(3)=-5$일 때,
$$\lim_{h \to 0}\frac{f(3+2h)-f(3)}{-h}$$
의 값은?

① 6 ② 8 ③ 10

④ 12 ⑤ 14

정답과 풀이 p.14

07

다항함수 $f(x)$에 대하여 $\lim\limits_{x\to 1}\dfrac{f(\sqrt{x})-f(1)}{x^2-1}$ 을 $f'(1)$을 이용하여 나타내면?

① $\dfrac{1}{4}f'(1)$　　② $\dfrac{1}{2}f'(1)$　　③ $f'(1)$

④ $2f'(1)$　　⑤ $4f'(1)$

08

다항함수 $f(x)$에서 $f(2)=-4$, $f'(2)=5$일 때, $\lim\limits_{x\to 2}\dfrac{xf(2)-2f(x)}{x-2}$의 값은?

① -20　　② -14　　③ -8

④ 4　　⑤ 10

09

잘 나오는 수능 유형

다항함수 $f(x)$에 대하여 $\lim\limits_{x\to 1}\dfrac{f(x)-2}{x^2-1}=3$일 때, $\dfrac{f'(1)}{f(1)}$의 값은?

① 3　　② $\dfrac{7}{2}$　　③ 4

④ $\dfrac{9}{2}$　　⑤ 5

10

잘 나오는 내신 유형

미분가능한 함수 $f(x)$가 모든 실수 x, y에 대하여 $f(x+y)=f(x)+f(y)-1$을 만족시킨다. $f'(2)=1$일 때, $f(0)+f'(1)$의 값을 구하여라.

11

다음 |보기| 중 $x=0$에서 연속이지만 미분가능하지 않은 함수인 것만을 있는 대로 골라라.

|보기|

ㄱ. $f(x)=\dfrac{|x|}{x}$　　　ㄴ. $f(x)=x|x|$

ㄷ. $f(x)=\sqrt{x^2}$　　　ㄹ. $f(x)=|x|-x$

ㅁ. $f(x)=\begin{cases} x^2 & (x\geq 0) \\ 0 & (x<0) \end{cases}$

12

오른쪽 그림은 $a<x<b$에서 정의된 함수 $y=f(x)$의 그래프이다. 다음 중 옳지 <u>않은</u> 것은?

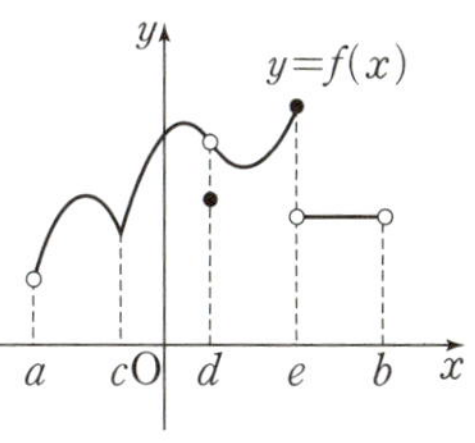

① 함수 $f(x)$에서 불연속인 점은 2개이다.

② $\lim\limits_{x\to d}f(x)$의 값이 존재한다.

③ $f'(x)=0$인 점이 존재한다.

④ 함수 $f(x)$에서 미분가능하지 않은 점은 2개이다.

⑤ 함수 $f(x)$에서 연속이지만 미분가능하지 않은 점은 1개이다.

13

함수 $f(x)=-3x^2+ax-6$에 대하여 $f'(2)=-7$일 때, 상수 a의 값은?

① 1   ② 2   ③ 3
④ 4   ⑤ 5

14

잘 나오는 수능 유형

함수 $f(x)=x^2+ax$에 대하여 $\displaystyle\lim_{h\to 0}\frac{f(1+h)-f(1)}{2h}=6$일 때, 상수 a의 값은?

① 10   ② 11   ③ 12
④ 13   ⑤ 14

15

잘 나오는 내신 유형

함수 $f(x)=x^3+3x^2-1$에 대하여 $\displaystyle\lim_{x\to 1}\frac{f(x)-3}{x-1}$의 값은?

① 6   ② 7   ③ 8
④ 9   ⑤ 10

16

함수 $f(x)=x^2+ax+b$에 대하여 $\displaystyle\lim_{h\to -1}\frac{f(x)}{x+1}=3$일 때, ab의 값은? (단, a, b는 상수이다.)

① 5   ② 10   ③ 15
④ 20   ⑤ 25

17

함수 $f(x)=x^3+ax^2+a^2x+a^3$에 대하여 $f'(1)=6$을 만족시키는 모든 상수 a의 값의 합은?

① -4 ② -3 ③ -2
④ -1 ⑤ 1

18

모든 실수 x에 대하여 미분가능한 함수 $f(x)$가 $(x^2+x+1)f(x)=(x+1)(x^6-1)$을 만족시킬 때, $f'(-1)$의 값은?

① 0   ② 2   ③ 4
④ 6   ⑤ 8

19

미분가능한 함수 $f(x)$에 대하여 $f(2)=3$, $f'(2)=-1$이다. 함수 $g(x)=(2x^2-5x)f(x)$일 때, $g'(2)$의 값은?

① 10　　　② 11　　　③ 12

④ 13　　　⑤ 14

20

잘 나오는 내신 유형

$\displaystyle\lim_{x\to 1}\dfrac{x^{10}+4x-5}{x-1}$ 의 값은?

① 12　　　② 13　　　③ 14

④ 15　　　⑤ 16

21

잘 틀리는 수능 유형

최고차항의 계수가 1인 다항함수 $f(x)$가 $f(x)f'(x)=2x^3-9x^2+5x+6$을 만족시킬 때, $f(-3)$의 값을 구하여라.

22

함수 $f(x)=\begin{cases} ax+2 & (x\geq 1) \\ 3x^2-b & (x<1) \end{cases}$ 이 $x=1$에서 미분가능할 때, ab의 값은? (단, a, b는 상수이다.)

① -35　　　② -30　　　③ -25

④ -20　　　⑤ -15

23

잘 틀리는 수능 유형

함수 $f(x)=\begin{cases} x^2 & (x\leq 3) \\ -\dfrac{1}{2}(x-a)^2+b & (x>3) \end{cases}$ 이 모든 실수에서 미분가능할 때, $a+b$의 값을 구하여라.

(단, a, b는 상수이다.)

24

다항식 x^6+ax^3+bx+3이 $(x+1)^2$으로 나누어떨어질 때, 두 상수 a, b에 대하여 $a-b$의 값은?

① -2　　　② -1　　　③ 1

④ 2　　　⑤ 3

08 접선의 방정식과 평균값 정리

1. 접선의 방정식

(1) 곡선 $y=f(x)$ 위의 점 $(a, f(a))$에서의 접선의 방정식은

$$y-f(a)=f'(a)(x-a)$$

(2) 곡선 $y=f(x)$에 접하고 기울기가 m인 접선의 방정식은 다음과 같은 순서로 구한다.

[1단계] 접점의 좌표를 $(a, f(a))$로 놓는다.

[2단계] $f'(a)=m$을 이용하여 a의 값을 구한다.

[3단계] a의 값을 $y-f(a)=m(x-a)$에 대입한다.

(3) 곡선 $y=f(x)$ 밖의 한 점 (m, n)에서 곡선에 그은 접선의 방정식은 다음과 같은 순서로 구한다.

[1단계] 접점을 $(a, f(a))$로 놓고, 접선의 방정식 $y-f(a)=f'(a)(x-a)$를 세운다.

[2단계] 점 (m, n)의 좌표를 접선의 방정식에 대입하여 a의 값을 구한다.

[3단계] a의 값을 $y-f(a)=f'(a)(x-a)$에 대입한다.

2. 평균값 정리

(1) **롤의 정리**: 함수 $f(x)$가 닫힌구간 $[a, b]$에서 연속이고 열린구간 (a, b)에서 미분가능할 때, $f(a)=f(b)$이면 $f'(c)=0$인 c가 a와 b 사이에 적어도 하나 존재한다.

(2) **평균값 정리**: 함수 $f(x)$가 닫힌구간 $[a, b]$에서 연속이고 열린구간 (a, b)에서 미분가능할 때, $\dfrac{f(b)-f(a)}{b-a}=f'(c)$인 c가 a와 b 사이에 적어도 하나 존재한다.

> ■ 곡선 $y=f(x)$ 위의 점 $(a, f(a))$를 지나고, 이 점에서의 접선에 수직인 직선의 방정식은
> $$y-f(a)=-\frac{1}{f'(a)}(x-a)$$
>
> ■ **두 곡선이 접할 조건**
> 두 곡선 $y=f(x)$, $y=g(x)$가 $x=a$인 점에서 공통인 접선을 가질 때
> ① $x=a$인 점에서 만난다.
> $\Rightarrow f(a)=g(a)$
> ② $x=a$인 점에서의 두 곡선의 접선의 기울기가 같다.
> $\Rightarrow f'(a)=g'(a)$
>
> ■ 평균값 정리에서 $f(a)=f(b)$인 경우가 롤의 정리이다.

---

01 곡선 $y=3x^3-2x+1$ 위의 점 $(-1, 0)$에서의 접선의 방정식이 $y=ax+b$일 때, ab의 값을 구하여라. (단, a, b는 상수이다.)

> **01**
> 곡선 $y=f(x)$ 위의 점 (a, b)에서의 접선의 방정식이 $y=mx+n$이면 $b=f(a)$, $m=f'(a)$

02 곡선 $y=x^3-3x$ 위의 점 $(2, 2)$를 지나고, 이 점에서의 접선에 수직인 직선의 방정식은?

① $x-9y-20=0$ ② $x-9y-5=0$ ③ $x-y-2=0$
④ $x+9y-20=0$ ⑤ $x+9y+5=0$

> **02**
> 접선의 기울기가 m이면 이 접선에 수직인 직선의 기울기는 $-\dfrac{1}{m}$이다.

03 곡선 $y=-\dfrac{1}{3}x^3+4x$에 접하고 기울기가 3인 접선의 방정식을 모두 구하여라.

04 곡선 $y=-x^2+6x+2$에 접하고 직선 $2x-y+7=0$에 평행한 접선의 방정식은?

① $y=-2x+7$ 　　② $y=-2x+6$ 　　③ $y=x+5$

④ $y=2x+6$ 　　⑤ $y=2x+7$

05 곡선 $y=x^3-x^2+2x$ 밖의 한 점 $(0,\ -1)$에서 곡선에 그은 접선의 방정식을 구하여라.

06 두 곡선 $y=ax^3+b,\ y=x^2-5x+6$이 점 $(1,\ 2)$에서 공통인 접선을 가질 때, 두 상수 a, b에 대하여 ab의 값은?

① -3 　　② -1 　　③ 1

④ 3 　　⑤ 5

07 함수 $f(x)=-x^2+6x$에 대하여 닫힌구간 $[2,\ 4]$에서 롤의 정리를 만족시키는 상수 c의 값을 구하여라.

08 함수 $f(x)=x^3-x^2+1$에 대하여 닫힌구간 $[-3,\ 2]$에서 평균값 정리를 만족시키는 상수 c의 값은?

① $-\dfrac{5}{3}$ 　　② $-\dfrac{4}{3}$ 　　③ -1

④ $-\dfrac{2}{3}$ 　　⑤ $-\dfrac{1}{3}$

필수 개념 09 함수의 극대와 극소

1. 함수의 증가와 감소

(1) 함수 $f(x)$가 어떤 구간에 속하는 임의의 두 수 x_1, x_2에 대하여

① $x_1 < x_2$일 때, $f(x_1) < f(x_2)$이면 $f(x)$는 이 구간에서 증가한다고 한다.

② $x_1 < x_2$일 때, $f(x_1) > f(x_2)$이면 $f(x)$는 이 구간에서 감소한다고 한다.

(2) **증가와 감소의 판정**: 함수 $f(x)$가 어떤 구간에서 미분가능하고, 이 구간에서

① $f'(x) > 0$이면 $f(x)$는 이 구간에서 증가한다.

② $f'(x) < 0$이면 $f(x)$는 이 구간에서 감소한다.

> **참고** 일반적으로 위의 역은 성립하지 않는다.

2. 함수의 극대와 극소

(1) 함수 $f(x)$가 $x=a$를 포함하는 어떤 열린구간에 속하는 모든 x에 대하여

① $f(a) \geq f(x)$일 때, 함수 $f(x)$는 $x=a$에서 극대라고 하며 이때의 함숫값 $f(a)$를 극댓값이라고 한다.

② $f(a) \leq f(x)$일 때, 함수 $f(x)$는 $x=a$에서 극소라고 하며 이때의 함숫값 $f(a)$를 극솟값이라고 한다.

③ 극댓값과 극솟값을 통틀어 극값이라고 한다.

(2) **함수의 극값과 미분계수와의 관계**: 함수 $y=f(x)$가 $x=a$에서 미분가능하고 $x=a$에서 극값을 가지면 $f'(a)=0$이다.

(3) **극대와 극소의 판정**: 미분가능한 함수 $f(x)$에서 $f'(a)=0$이고, $x=a$의 좌우에서 $f'(x)$의 부호가

① 양$(+)$에서 음$(-)$으로 바뀌면 $f(x)$는 $x=a$에서 극대이고, 극댓값은 $f(a)$이다.

② 음$(-)$에서 양$(+)$으로 바뀌면 $f(x)$는 $x=a$에서 극소이고, 극솟값은 $f(a)$이다.

■ **함수가 증가 또는 감소할 조건**

함수 $f(x)$가 어떤 구간에서 미분가능하고, 이 구간에서

① $f(x)$가 증가하면 이 구간에서 $f'(x) \geq 0$

② $f(x)$가 감소하면 이 구간에서 $f'(x) \leq 0$

■ $f'(a)=0$이더라도 $x=a$의 좌우에서 $f'(x)$의 부호가 바뀌지 않으면 $f(a)$는 극값이 아니다.

■ 함수 $f(x)$가 $x=a$에서 미분가능하지 않을 때도 $x=a$에서 극값을 가질 수 있다.

---

01 주어진 구간에서 다음 함수 $f(x)$의 증가와 감소를 조사하여라.

(1) $f(x) = -3x^2 + 2x$ $(-\infty, 1)$

(2) $f(x) = 4x^3 + x - 5$ $(-\infty, \infty)$

> **01** 주어진 구간에서 $f'(x)$의 부호를 조사한다.

02 함수 $f(x) = 2x^3 - 3x^2 + 1$의 증가와 감소를 조사하여라.

> **02** 미분해서 0이 되는 점을 경계로 증감표를 만든다.

03 함수 $f(x)=-x^3+kx^2-3x+1$이 모든 실수에서 감소하기 위한 실수 k의 값의 범위를 구하여라.

03

삼차함수 $f(x)$가 모든 실수에서 감소하기 위한 조건
$\Rightarrow f'(x)\leq 0$
이때 $f'(x)=0$의 판별식을 이용한다.

04 함수 $f(x)=-x^3-3x^2+3ax+2$가 열린구간 $(1, 3)$에서 증가할 때, 실수 a의 최솟값은?

① 6   ② 9   ③ 12

④ 15   ⑤ 18

04

어떤 구간에서 삼차함수 $f(x)$가 증가 또는 감소하기 위한 조건은 다음과 같은 순서로 구한다.
① 도함수 $f'(x)$를 구한다.
② $y=f'(x)$의 그래프의 개형을 그린다.
③ 어떤 구간에서 $f(x)$가 증가하려면 $f'(x)\geq 0$, $f(x)$가 감소하려면 $f'(x)\leq 0$이어야 함을 이용한다.

05 함수 $y=f(x)$의 도함수 $y=f'(x)$의 그래프가 오른쪽 그림과 같을 때, 다음 |보기|에서 옳은 것만을 있는 대로 고른 것은?

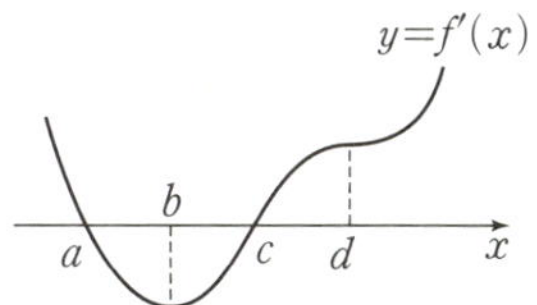

|보기|

ㄱ. 함수 $f(x)$는 구간 $(-\infty, a)$에서 감소한다.

ㄴ. 함수 $f(x)$는 열린구간 (b, c)에서 증가한다.

ㄷ. 함수 $f(x)$는 $x=a$에서 극값을 갖는다.

ㄹ. 함수 $f(x)$는 $x=c$에서 극솟값을 갖는다.

① ㄱ   ② ㄷ   ③ ㄷ, ㄹ

④ ㄱ, ㄷ, ㄹ   ⑤ ㄴ, ㄷ, ㄹ

06 함수 $f(x)=x^4-2x^3+2$의 극값을 구하여라.

06

연속함수 $f(x)$의 극댓값과 극솟값은 $f'(x)=0$으로 하는 x의 값의 좌우에서 $f'(x)$의 부호를 조사하여 구한다.

07 함수 $f(x)=x^3-3x^2-9x+5$의 극댓값을 M, 극솟값을 m이라고 할 때, $M+m$의 값을 구하여라.

08 함수 $f(x)=-x^3+ax+b$가 $x=1$에서 극댓값 4를 가질 때, 두 상수 a, b에 대하여 ab의 값은?

① -9 ② -6 ③ 3

④ 6 ⑤ 9

08

함수 $f(x)$가 $x=a$에서 극값 β를 가지면 $f(a)=\beta$, $f'(a)=0$이다.

필수 개념 10 함수의 그래프와 최대·최소

1. 함수의 그래프

함수 $y=f(x)$의 그래프의 개형은 다음과 같은 순서로 그린다.

[1단계] $f'(x)=0$인 x의 값을 구한다.

[2단계] 구한 x의 값을 경계로 증감표를 만든다.

[3단계] 함수의 증가와 감소, 극대와 극소, 좌표축과의 교점 등을 이용하여 그래프의 개형을 그린다.

2. 함수의 최대와 최소

함수 $f(x)$가 닫힌구간 $[a, b]$에서 연속일 때, 구간에서의 $f(x)$의 극댓값, 극솟값과 구간의 양 끝의 함숫값 $f(a)$, $f(b)$ 중에서 가장 큰 값이 최댓값, 가장 작은 값이 최솟값이다.

참고

함수 $f(x)$가 주어진 구간에서 극값을 갖지 않으면 구간의 양 끝의 함숫값 중 큰 값이 최댓값, 작은 값이 최솟값이 된다.

■ 닫힌구간 $[a, b]$에서 연속 함수 $f(x)$의 극값이 오직 하나 존재하면
① 극값이 극댓값일 때
 ⇨ (극댓값)=(최댓값)
② 극값이 극솟값일 때
 ⇨ (극솟값)=(최솟값)

---

01 다음 함수 $f(x)$의 그래프를 그려라.

(1) $f(x)=\dfrac{2}{3}x^3-2x$

(2) $f(x)=-x^3+3x^2-3x$

> **01**
> 함수의 증가와 감소, 극대와 극소, 좌표축과의 교점을 이용하여 함수의 그래프의 개형을 그린다.

02 다음 함수 $f(x)$의 그래프를 그려라.

(1) $f(x)=x^4-4x^3+4x^2+1$

(2) $f(x)=-x^4+2x^3$

03 함수 $f(x)=2x^3-6x^2+ax-12$가 극값을 갖지 않을 때, 실수 a의 최솟값은?

① 4   ② 5   ③ 6
④ 7   ⑤ 8

> **03**
> 삼차함수 $f(x)$가 극값을 갖지 않는다.
> ⇨ 이차방정식 $f'(x)=0$이 중근 또는 허근을 갖는다.
> ⇨ 이차방정식 $f'(x)=0$의 판별식 $D\leq 0$

04 함수 $f(x)=x^4-4x^3+3ax^2+1$이 극댓값을 가질 때, 실수 a의 값의 범위를 구하여라.

04
최고차항의 계수가 양수인 사차함수 $f(x)$가 극댓값을 갖는다.
⇨ 삼차방정식 $f'(x)=0$이 서로 다른 세 실근을 갖는다.

05 닫힌구간 $[-2, 1]$에서 함수 $f(x)=-x^4+2x^2-3$의 최댓값과 최솟값을 구하여라.

05
주어진 구간에서의 극댓값, 극솟값과 구간의 양 끝의 함숫값을 구하여 비교한다.

06 닫힌구간 $[0, 3]$에서 함수 $f(x)=2x^3-3x^2-12x+m$의 최솟값이 -8일 때, 최댓값은? (단, m은 상수이다.)

① 10 ② 11 ③ 12
④ 13 ⑤ 14

06
미정계수를 포함한 함수의 최댓값, 최솟값이 주어지면 최댓값, 최솟값을 미정계수를 이용한 식으로 나타낸 다음 주어진 값과 비교한다.

07 닫힌구간 $[-1, 2]$에서 함수 $f(x)=ax^3-6ax^2+b$의 최댓값이 3이고 최솟값이 -29일 때, 상수 a, b에 대하여 $a+b$의 값은? (단, $a>0$)

① 1 ② 2 ③ 3
④ 4 ⑤ 5

08 오른쪽 그림과 같이 밑변이 x축 위에 놓이고 두 꼭짓점이 곡선 $y=-x^2+3$ 위에 놓인 직사각형의 넓이의 최댓값은?

① 1 ② 2
③ 3 ④ 4
⑤ 5

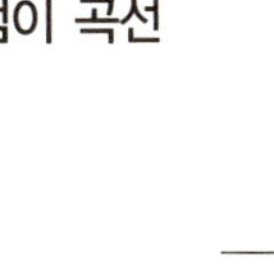

08
미지수와 그 범위를 구한 후 도형의 넓이를 미지수를 이용한 함수로 나타낸다.

01

곡선 $y=4x^2+ax+b$가 이 곡선 위의 점 $(2, -1)$에서 직선 $y=x-3$에 접할 때, 두 상수 a, b에 대하여 $a+b$의 값은?

① -3 ② -2 ③ -1
④ 2 ⑤ 3

02

곡선 $y=x^3-2x^2+4$ 위의 점 $(1, 3)$에서의 접선과 x축 및 y축으로 둘러싸인 부분의 넓이는?

① 2 ② 4 ③ 6
④ 8 ⑤ 10

03

곡선 $y=2x^3+ax+b$ 위의 점 $(1, 1)$에서의 접선과 수직인 직선의 기울기가 $-\dfrac{1}{2}$이다. 두 상수 a, b에 대하여 a^2+b^2의 값은?

① 25 ② 27 ③ 29
④ 31 ⑤ 33

04

곡선 $y=x^2-4x+7$에 접하고 직선 $y=2x-5$에 평행한 접선의 방정식이 $y=ax+b$일 때, ab의 값은?

(단, a, b는 상수이다.)

① -6 ② -5 ③ -4
④ -3 ⑤ -2

05

곡선 $y=x^2-x$ 밖의 한 점 $(1, -1)$에서 곡선에 그은 두 접선의 기울기의 합은?

① $\dfrac{3}{2}$ ② 2 ③ $\dfrac{5}{2}$
④ 3 ⑤ $\dfrac{7}{2}$

06

곡선 $y=-x^3+ax^2+bx$ 위의 점 $(-2, 4)$에서의 접선의 방정식이 $y=-2x+9$일 때, 두 상수 a, b에 대하여 $b-a$의 값은?

① -4 ② -2 ③ 0
④ 2 ⑤ 4

07

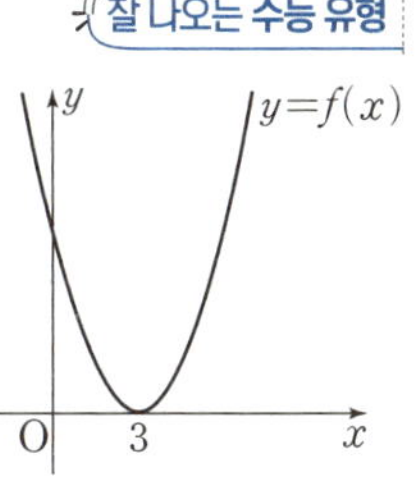

함수 $f(x)$가 $f(x)=(x-3)^2$일 때 함수 $g(x)$의 도함수가 $f(x)$이다. 곡선 $y=g(x)$ 위의 점 $(2,\ g(2))$에서의 접선의 y절편이 -5일 때, 이 접선의 x절편은?

① 1　　② 2　　③ 3
④ 4　　⑤ 5

08

잘 나오는 내신 유형

두 곡선 $y=x^2+ax+b,\ y=-x^3+3$이 점 $(1,\ 2)$에서 공통인 접선을 가질 때, ab의 값은? (단, $a,\ b$는 상수이다.)

① -36　　② -34　　③ -32
④ -30　　⑤ -28

09

함수 $f(x)=3x^4-6x^2-24$에 대하여 닫힌구간 $[-2,\ 2]$에서 $f'(c)=0$을 만족시키는 상수 c의 개수는?

① 1　　② 2　　③ 3
④ 4　　⑤ 5

10

함수 $f(x)=x^3+3x^2$에 대하여 닫힌구간 $[k,\ 0]$에서 평균값 정리를 만족시키는 상수가 -2일 때, 실수 k의 값은?

(단, $k\neq 0$)

① -3　　② $-\dfrac{5}{2}$　　③ -2
④ $-\dfrac{3}{2}$　　⑤ -1

11

함수 $f(x)=x^3-3x^2-9x+2$는 열린구간 $(-1,\ a)$에서 감소한다고 한다. 이때 a의 최댓값은?

① 0　　② 1　　③ 2
④ 3　　⑤ 4

12

함수 $f(x)=x^3+2x^2+ax-1$이 실수 전체의 집합에서 증가하도록 하는 실수 a의 값의 범위를 구하여라.

13

삼차함수 $f(x) = -\dfrac{1}{3}x^3 + ax^2 - (5a-4)x + 2$가 $x_1 < x_2$인 임의의 실수 x_1, x_2에 대하여 $f(x_1) > f(x_2)$가 되도록 하는 정수 a의 개수는?

① 1   ② 2   ③ 3
④ 4   ⑤ 5

14

함수 $f(x) = 2x^3 - 9x^2 + 12x + 2$가 $x = a$에서 극댓값 b를 가질 때, ab의 값은?

① 6   ② 7   ③ 8
④ 9   ⑤ 10

15

잘 나오는 내신 유형

함수 $f(x) = 2x^3 + ax^2 + bx + 1$이 $x = 0$에서 극댓값을 갖고 $x = 1$에서 극솟값을 가질 때, $a + b$의 값은?

(단, a, b는 상수이다.)

① -5 ② -4 ③ -3
④ 1   ⑤ 2

16

함수 $f(x) = x^3 - 3kx^2 - 9k^2x + 2$의 극댓값과 극솟값의 합이 -18일 때, 양수 k의 값은?

① -2 ② -1 ③ 1
④ 2   ⑤ 3

17

잘 틀리는 수능 유형

두 다항함수 $f(x)$와 $g(x)$가 모든 실수 x에 대하여 $g(x) = (x^3 + 2)f(x)$를 만족시킨다. $g(x)$가 $x = 1$에서 극솟값 24를 가질 때, $f(1) - f'(1)$의 값을 구하여라.

18

함수 $f(x) = \dfrac{1}{3}x^3 - 2ax^2 + 3ax$가 극값을 가질 때, 다음 중 실수 a의 값이 될 수 <u>없는</u> 것은?

① -1 ② $-\dfrac{1}{2}$ ③ $\dfrac{1}{2}$
④ 1   ⑤ 2

정답과 풀이 p.23

19

함수 $f(x)=x^4+4x^3-ax^2+3$이 극댓값을 갖지 않을 때, 실수 a의 값의 범위를 구하여라.

20

닫힌구간 $[-2, 3]$에서 함수 $f(x)=x^4-8x^2+5$의 최댓값을 M, 최솟값을 m이라고 할 때, $M+m$의 값은?

① -2　　② -1　　③ 1
④ 2　　⑤ 3

21

잘 나오는 수능 유형

닫힌구간 $[-2, 2]$에서 정의된 함수 $f(x)=-x^3+3x^2+a$의 최솟값이 -4일 때, 최댓값은? (단, a는 상수이다.)

① 16　　② 18　　③ 20
④ 22　　⑤ 24

22

닫힌구간 $[1, 4]$에서 함수 $f(x)=ax^4-4ax^3+b\,(a>0)$의 최댓값이 3이고 최솟값이 -6일 때, 상수 a, b에 대하여 ab의 값은?

① 1　　② 2　　③ 4
④ 6　　⑤ 8

23

잘 틀리는 내신 유형

연속함수 $y=f(x)$의 도함수 $y=f'(x)$의 그래프가 오른쪽 그림과 같을 때, $y=f(x)$의 그래프에 대한 |보기|의 설명 중에서 옳은 것만을 있는 대로 골라라.

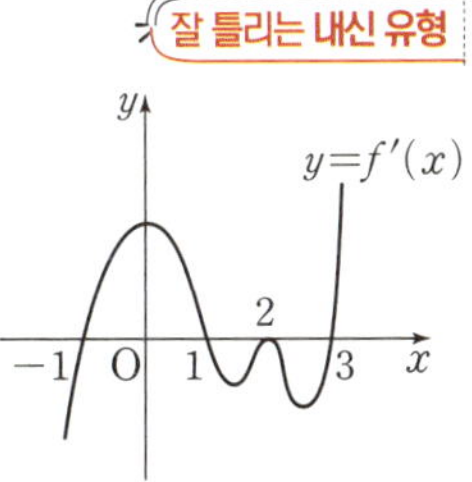

| 보기 |

ㄱ. $y=f(x)$는 두 개의 극댓값을 갖는다.
ㄴ. $y=f(x)$는 두 개의 극솟값을 갖는다.
ㄷ. $-1\leq x\leq 3$에서 $x=1$일 때 최대이다.
ㄹ. $-1\leq x\leq 3$에서 $x=-1$일 때 최소이다.

24

오른쪽 그림과 같이 한 변의 길이가 $12\,\text{cm}$인 정사각형 모양의 종이의 네 귀퉁이에서 같은 크기의 정사각형을 잘라 내고 나머지 부분을 접어서 뚜껑이 없는 직육면체 모양의 상자를 만들었을 때, 이 상자의 부피의 최댓값은?

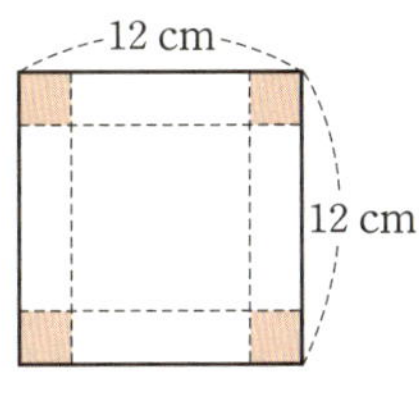

① $98\,\text{cm}^3$　　② $106\,\text{cm}^3$　　③ $112\,\text{cm}^3$
④ $120\,\text{cm}^3$　　⑤ $128\,\text{cm}^3$

필수 개념 11 방정식과 부등식에의 활용

1. 방정식에의 활용

(1) **방정식 $f(x)=0$의 실근**: 방정식 $f(x)=0$의 실근은 함수 $y=f(x)$의 그래프와 x축의 교점의 x좌표와 같다.

(2) **방정식 $f(x)=g(x)$의 실근**: 방정식 $f(x)=g(x)$의 실근은 함수 $y=f(x)$의 그래프와 $y=g(x)$의 그래프의 교점의 x좌표와 같다.

(3) **삼차방정식 $f(x)=0$의 근의 판별**: 삼차함수 $f(x)$가 극값을 가질 때, 삼차방정식 $f(x)=0$이

① 서로 다른 세 실근을 가질 조건 ⇨ (극댓값)×(극솟값)<0

② 중근과 다른 한 실근을 가질 조건 ⇨ (극댓값)×(극솟값)$=0$

③ 한 실근과 두 허근을 가질 조건 ⇨ (극댓값)×(극솟값)>0

2. 부등식에의 활용

(1) 어떤 구간에서 부등식 $f(x)\geq0$이 성립함을 증명하려면 주어진 구간에서 함수 $y=f(x)$의 최솟값을 구하여 (최솟값)≥0임을 보이면 된다.

(2) 어떤 구간에서 부등식 $f(x)\geq g(x)$가 성립함을 증명하려면 $h(x)=f(x)-g(x)$로 놓고 ($h(x)$의 최솟값)≥0임을 보이면 된다.

▶ 두 곡선 $y=f(x)$, $y=g(x)$의 교점의 개수는 방정식 $f(x)=g(x)$의 실근의 개수와 같다.

▶ 삼차함수 $f(x)$의 극값이 존재하지 않으면 삼차방정식 $f(x)=0$은 삼중근(서로 같은 세 실근)을 갖거나 한 실근과 두 허근을 갖는다.

---

01 다음 방정식의 서로 다른 실근의 개수를 구하여라.

(1) $x^3-3x^2+1=0$

(2) $-2x^3+3x^2+4=0$

(3) $x^4-4x^3-2x^2+12x-2=0$

01 방정식 $f(x)=0$에서 함수 $y=f(x)$의 그래프를 그린 후 그래프와 x축이 만나는 점의 개수를 파악한다.

02 방정식 $2x^3-3x^2+k=0$의 근이 다음과 같을 때, 실수 k의 값 또는 그 범위를 구하여라.

(1) 서로 다른 세 실근

(2) 중근과 다른 한 실근

(3) 한 실근과 두 허근

02 방정식 $f(x)=0$에서 함수 $f(x)$의 극댓값과 극솟값을 k에 대한 식으로 나타낸 후 (극댓값)×(극솟값)<0, (극댓값)×(극솟값)$=0$, (극댓값)×(극솟값)>0 임을 이용한다.

03 삼차방정식 $x^3-3x^2-9x+k=0$이 서로 다른 두 실근을 갖기 위한 모든 실수 k의 값의 합을 구하여라.

04 두 곡선 $y=2x^3-x^2-6x$, $y=2x^2+6x-k$가 서로 다른 세 점에서 만나도록 하는 음의 정수 k의 개수는?

① 5
② 6
③ 7
④ 8
⑤ 9

04
두 곡선 $y=f(x)$, $y=g(x)$가 서로 다른 세 점에서 만나면 방정식 $f(x)=g(x)$는 서로 다른 세 실근을 갖는다.

05 방정식 $2x^3-6x+k=0$이 한 개의 음의 근과 두 개의 서로 다른 양의 근을 가질 때, 실수 k의 값의 범위는?

① $-4<k<0$
② $-4<k<2$
③ $-2<k<2$
④ $0<k<4$
⑤ $k\geq4$

05
조건에 맞는 그래프를 그린 후 극댓값, 극솟값, y축과 만나는 점의 y좌표의 부호를 생각한다.

06 $x\geq-1$일 때, 부등식 $2x^3+3x^2\geq0$이 항상 성립함을 증명하여라.

06
어떤 구간에서 $f(x)$의 최솟값이 a이면 그 구간에서 $f(x)\geq a$이다.

07 모든 실수 x에 대하여 부등식 $3x^4-4x^3+k>0$이 항상 성립하도록 하는 실수 k의 값의 범위를 구하여라.

08 두 함수 $f(x)=x^3+k$, $g(x)=x^2+x+1$에 대하여 $x\geq0$에서 $f(x)\geq g(x)$가 항상 성립할 때, 실수 k의 최솟값은?

① 1
② 2
③ 3
④ 4
⑤ 5

08
$x\geq0$에서 함수 $f(x)-g(x)$의 최솟값을 구하고 (최솟값)≥0을 만족시키는 실수 k의 값의 범위를 구한다.

12 속도와 가속도

필수 개념

---

1. 속도와 가속도

수직선 위를 움직이는 점 P의 시각 t에서의 위치를 $x=f(t)$라고 할 때, 시각 t에서의 속도 v와 가속도 a는

(1) $v=\dfrac{dx}{dt}=f'(t)$ (2) $a=\dfrac{dv}{dt}=v'(t)$

2. 시각에 대한 변화율

어떤 물체의 시각 t에서의 길이를 l, 넓이를 S, 부피를 V라고 할 때, 시간이 $\varDelta t$만큼 경과한 후 길이, 넓이, 부피가 각각 $\varDelta l$, $\varDelta S$, $\varDelta V$만큼 변했다고 하면 시각 t에서의 각각의 변화율은

(1) **길이의 변화율**: $\displaystyle\lim_{\varDelta t \to 0}\dfrac{\varDelta l}{\varDelta t}=\dfrac{dl}{dt}$

(2) **넓이의 변화율**: $\displaystyle\lim_{\varDelta t \to 0}\dfrac{\varDelta S}{\varDelta t}=\dfrac{dS}{dt}$

(3) **부피의 변화율**: $\displaystyle\lim_{\varDelta t \to 0}\dfrac{\varDelta V}{\varDelta t}=\dfrac{dV}{dt}$

> ■ 시각 $t=a$에서 시각 $t=b$까지의 평균속도는
> $$\dfrac{f(b)-f(a)}{b-a}$$
>
> ■ 속도 v는 수직선 위를 움직이는 점 P의 운동 방향을 나타낸다.
> ① $v>0$일 때, 점 P는 양의 방향으로 움직인다.
> ② $v<0$일 때, 점 P는 음의 방향으로 움직인다.
> ③ $v=0$일 때, 점 P는 운동 방향을 바꾸거나 정지한다.

---

01 원점을 출발하여 수직선 위를 움직이는 점 P의 시각 t에서의 위치가 $x=t^3-2t$일 때, 시각 $t=3$에서의 점 P의 속도와 가속도를 구하여라.

> **01**
>
> 위치 x
> ↓ 미분
> 속도 $v=\dfrac{dx}{dt}$
> ↓ 미분
> 가속도 $a=\dfrac{dv}{dt}$

02 원점을 출발하여 수직선 위를 움직이는 점 P의 시각 t에서의 위치가 $x=2t^3-t^2-t$일 때, 속도가 3인 순간의 점 P의 가속도는?

  ① 10   ② 11   ③ 12

  ④ 13   ⑤ 14

03 원점을 출발하여 수직선 위를 움직이는 점 P의 시각 t에서의 위치가 $x=-t^2+4t$일 때, 점 P가 운동 방향을 바꿀 때의 시각을 구하여라.

> **03**
>
> 운동 방향을 바꿀 때의 시각은 (속도)$=0$일 때의 시각이다.

04 어떤 기차가 제동을 건 후 t초 동안 간 거리를 x m라고 하면 $x=60t-1.5t^2$인 관계가 있다고 한다. 이때 제동을 건 후 정지할 때까지 움직인 거리는?

① 500 m   ② 550 m   ③ 600 m

④ 650 m   ⑤ 700 m

04
정지할 때의 시각은 (속도)=0일 때의 시각이다.

05 지면에서 20 m/초의 속도로 똑바로 위로 쏘아 올린 물체의 t초 후의 높이를 x m라고 하면 $x=-5t^2+20t$인 관계가 성립한다. 물체가 최고 높이에 도달했을 때의 높이는?

① 20 m   ② 22 m   ③ 24 m

④ 26 m   ⑤ 28 m

05
최고 높이에 도달할 때는 방향이 바뀔 때이므로 (속도)=0이다.

06 어떤 물체의 시각 t에서의 길이가 $l=2t^2+t+2$일 때, 시각 $t=\dfrac{1}{2}$에서의 물체의 길이의 변화율은?

① 1   ② 2   ③ 3

④ 4   ⑤ 5

07 가로와 세로의 길이가 각각 10 cm, 6 cm인 직사각형이 있다. 이 직사각형의 가로와 세로의 길이가 각각 매초 1 cm, 2 cm씩 길어질 때, 이 직사각형이 정사각형이 되는 순간의 직사각형의 넓이의 변화율은?

① 40 cm^2/초   ② 41 cm^2/초   ③ 42 cm^2/초

④ 43 cm^2/초   ⑤ 44 cm^2/초

07
시각에 대한 변화율을 구하는 문제는 다음과 같은 순서로 해결한다.
① 시각 t에서의 길이 l, 넓이 S, 부피 V 등을 t에 대한 식으로 나타낸다.
② ①의 식을 t에 대하여 미분한다.
  $\Rightarrow \dfrac{dl}{dt},\ \dfrac{dS}{dt},\ \dfrac{dV}{dt}$를 구한다.
③ 주어진 조건을 만족시키는 t의 값을 대입한다.

08 반지름의 길이가 2 cm인 구 모양의 풍선에 공기를 넣어서 반지름의 길이가 매초 0.2 cm씩 커지게 할 때, 공기를 넣기 시작하여 5초 후 풍선의 부피가 증가하는 속도를 구하여라.

01

삼차방정식 $x^3+3x^2-9x+4-k=0$이 서로 다른 세 실근을 갖도록 하는 모든 정수 k의 개수는?

① 28   ② 31   ③ 34
④ 37   ⑤ 40

02

곡선 $y=x^3-4x+a$와 직선 $y=8x$가 한 점에서 접하고, 다른 한 점에서 만날 때, 실수 a의 값은? (단, $a>0$)

① 15   ② 16   ③ 17
④ 18   ⑤ 19

03

삼차방정식 $2x^3-3x^2-12x-a=0$이 오직 양의 실근 1개만 갖기 위한 정수 a의 최솟값은?

① 5   ② 6   ③ 7
④ 8   ⑤ 9

04

모든 실수 x에 대하여 부등식 $x^4-4x-k^2+4k\geq0$이 항상 성립하도록 하는 모든 정수 k의 값의 합은?

① 5   ② 6   ③ 7
④ 8   ⑤ 9

05

$0<x<2$일 때, 부등식 $x^3-3x^2+k>0$이 항상 성립하도록 하는 실수 k의 값의 범위는?

① $k\geq1$ ② $0\leq k\leq2$ ③ $k\geq2$
④ $0\leq k\leq4$ ⑤ $k\geq4$

06

닫힌구간 $[0,\,3]$에서 두 함수 $f(x)=x^3+2x^2-3x+2$, $g(x)=2x^2+k+1$에 대하여 $f(x)\geq g(x)$가 항상 성립하도록 하는 실수 k의 최댓값은?

① -3 ② -1 ③ 1
④ 3   ⑤ 5

정답과 풀이 p.28

07

수직선 위를 움직이는 점 P의 시각 t에서의 위치가 $x=t^3-12t+k$이다. 점 P의 운동 방향이 원점에서 바뀔 때, 상수 k의 값은?

① 10　　　② 12　　　③ 14
④ 16　　　⑤ 18

08

잘 틀리는 수능 유형

수직선 위를 움직이는 두 점 P, Q의 시각 t일 때의 위치는 각각 $P(t)=\dfrac{1}{3}t^3+4t-\dfrac{2}{3}$, $Q(t)=2t^2-10$이다. 두 점 P, Q의 속도가 같아지는 순간 두 점 P, Q 사이의 거리를 구하여라.

09

오른쪽 그림은 닫힌구간 $[0,\ 6]$에서 원점을 출발하여 수직선 위를 움직이는 점 P의 시각 t에서의 속도 $v(t)$의 그래프이다. |보기|에서 옳은 것만을 있는 대로 고른 것은?

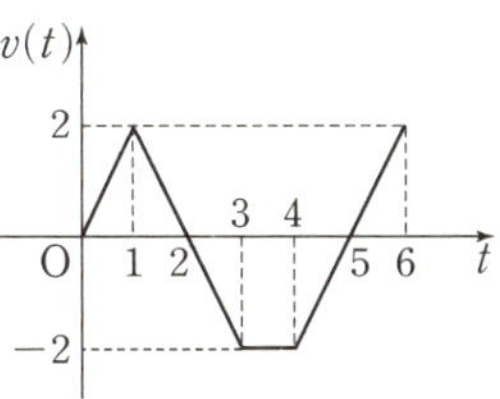

| 보기 |

ㄱ. $1<t<3$에서 점 P의 가속도는 일정하다.

ㄴ. $t=1$일 때와 $t=3$일 때의 운동 방향은 서로 같다.

ㄷ. 점 P는 수직선 위를 움직이는 동안 운동 방향을 2번 바꾼다.

① ㄱ　　　② ㄷ　　　③ ㄱ, ㄴ
④ ㄱ, ㄷ　　　⑤ ㄱ, ㄴ, ㄷ

10

지면으로부터 30 m의 높이에서 초속 5 m로 똑바로 위로 쏘아 올린 물체의 t초 후의 높이를 x m라고 하면 $x=-5t^2+5t+30$인 관계가 성립한다. 물체가 지면에 떨어지는 순간의 속도는?

① -24 m/초　② -25 m/초　③ -26 m/초
④ -27 m/초　⑤ -28 m/초

11

잘 틀리는 내신 유형

오른쪽 그림과 같이 키가 1.8 m인 학생이 높이가 3.6 m인 가로등 바로 밑에서 출발하여 매초 1.1 m의 속도로 일직선으로 걸어갈 때, 그림자의 길이의 변화율을 구하여라.

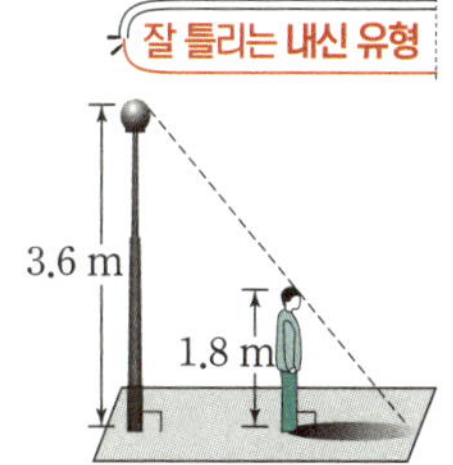

12

오른쪽 그림과 같이 윗면의 반지름의 길이가 20 cm, 깊이가 40 cm인 원뿔 모양의 그릇이 있다. 이 그릇에 매초 3 cm의 비율로 수면의 높이가 올라가도록 물을 넣을 때, 수면의 높이가 30 cm가 되는 순간의 물의 부피의 변화율을 구하여라.

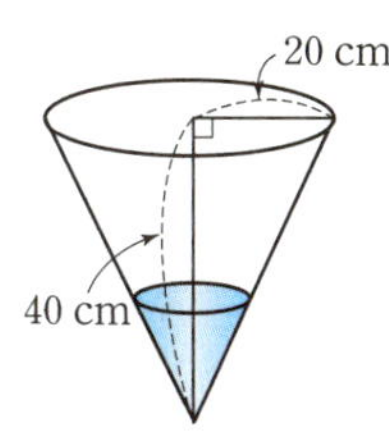

13 부정적분

1. 부정적분

함수 $F(x)$의 도함수가 $f(x)$, 즉 $F'(x)=f(x)$일 때, $F(x)$를 $f(x)$의 부정적분이라 하고 $\int f(x)dx$와 같이 나타낸다.

$$F'(x)=f(x) \Rightarrow \int f(x)dx=F(x)+C \text{ (단, } C\text{는 적분상수이다.)}$$

2. 부정적분의 기본 공식

두 함수 $f(x)$, $g(x)$에 대하여

(1) $\int kdx=kx+C$ (단, k는 상수, C는 적분상수이다.)

(2) $\int x^n dx=\dfrac{1}{n+1}x^{n+1}+C$ (단, n은 자연수, C는 적분상수이다.)

(3) $\int (ax+b)^n dx=\dfrac{1}{a}\times\dfrac{1}{n+1}(ax+b)^{n+1}+C$
$$\text{(단, } a\neq0,\ n\text{은 자연수, } C\text{는 적분상수이다.)}$$

(4) $\int kf(x)dx=k\int f(x)dx$ (단, k는 상수이다.)

(5) $\int \{f(x)\pm g(x)\}dx=\int f(x)dx\pm\int g(x)dx$ (복호동순)

참고

적분상수가 여러 개 있을 때에는 이들을 묶어 하나의 적분상수 C로 나타낸다.

3. 부정적분과 미분의 관계

(1) $\int \left\{\dfrac{d}{dx}f(x)\right\}dx=f(x)+C$ (단, C는 적분상수이다.)

(2) $\dfrac{d}{dx}\left\{\int f(x)dx\right\}=f(x)$

■ $\int f(x)dx$를 구하는 것을 $f(x)$를 적분한다고 하며 그 계산법을 적분법이라고 한다.

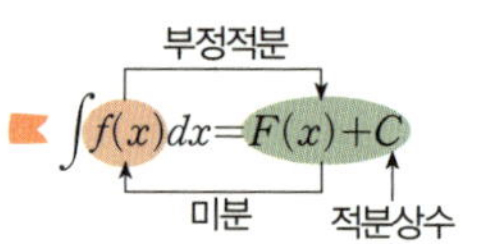

■ $\int 1dx$를 보통 $\int dx$로 나타낸다.

■ (5)의 성질은 세 개 이상의 함수에 대해서도 성립한다.

■ $\int \left\{\dfrac{d}{dx}f(x)\right\}dx$ $\neq\dfrac{d}{dx}\left\{\int f(x)dx\right\}$

---

01 다음 부정적분을 구하여라.

(1) $\int (2x^2-6x+1)dx$

(2) $\int 4x\left(-x^2+\dfrac{1}{3}x\right)dx$

(3) $\int \dfrac{x^3-1}{x-1}dx$

(4) $\int (x^2-3x)dx+\int (2x^2+x-4)dx$

01
식을 간단히 한 후, 각 항을 따로따로 적분하고 맨 뒤에 적분상수 C를 더한다.

02 함수 $f(x)=\int (3x+2)(4x-5)dx$에 대하여 $f(-1)=2$일 때, 함수 $f(x)$를 구하여라.

02
곱셈 공식을 이용하여 식을 전개한 후, 각 항을 따로따로 적분한다.

03 함수 $f(x)=\int(3x^2+ax-2)dx$에 대하여 $f(0)=-3$, $f(2)=3$일 때, 상수 a의 값을 구하여라.

04 부정적분 $\int(x+2)^2dx-\int(x-2)^2dx$는? (단, C는 적분상수이다.)

① $\dfrac{1}{2}x^2+C$ ② $4x^2+C$ ③ x^3-4x+C

④ $\dfrac{3}{2}x^3+4x+C$ ⑤ $2x^3+4x+C$

05 함수 $f(x)=\int\left\{\dfrac{d}{dx}(x^2-4x)\right\}dx$에 대하여 $f(0)=5$일 때, $f(1)$의 값을 구하여라.

06 함수 $f(x)=\dfrac{d}{dx}\left\{\int(x^2-10x+a)dx\right\}$의 최솟값이 -15일 때, 상수 a의 값은?

① 6 ② 7 ③ 8

④ 9 ⑤ 10

07 미분가능한 함수 $f(x)$가 $\int(x-1)f(x)dx=x^3-x^2-x+C$를 만족시킬 때, $f(-2)$의 값을 구하여라. (단, C는 상수이다.)

08 함수 $f(x)$가 $f'(x)=3x^2+4x-7$, $f(0)=1$을 만족시킬 때, $f(3)$의 값은?

① -11 ② -7 ③ -3

④ 10 ⑤ 25

정적분

1. 정적분

함수 $f(x)$가 닫힌구간 $[a, b]$에서 연속일 때, $f(x)$의 한 부정적분 $F(x)$에 대하여 $F(b)-F(a)$를 함수 $f(x)$의 a에서 b까지의 정적분이라 하고

$$\int_a^b f(x)\,dx=\Big[\,F(x)\,\Big]_a^b=F(b)-F(a)\text{로 나타낸다.}$$

2. 정적분의 성질

세 실수 a, b, c를 포함하는 닫힌구간에서 두 함수 $f(x)$, $g(x)$가 연속일 때

(1) $\displaystyle\int_a^a f(x)\,dx=0$

(2) $\displaystyle\int_a^b f(x)\,dx=-\int_b^a f(x)\,dx$

(3) $\displaystyle\int_a^b f(x)\,dx=\int_a^b f(t)\,dt$

(4) $\displaystyle\int_a^b kf(x)\,dx=k\int_a^b f(x)\,dx$ (단, k는 상수이다.)

(5) $\displaystyle\int_a^b \{f(x)\pm g(x)\}\,dx=\int_a^b f(x)\,dx\pm\int_a^b g(x)\,dx$ (복호동순)

(6) $\displaystyle\int_a^c f(x)\,dx+\int_c^b f(x)\,dx=\int_a^b f(x)\,dx$

참고

(3)과 같이 정적분에서 변수 x 대신 다른 문자를 사용해도 그 값은 변하지 않는다. 또, (6)은 a, b, c의 대소 관계에 상관없이 성립한다.

◀ 정적분 $\displaystyle\int_a^b f(x)\,dx$의 값을 구하는 것을 함수 $f(x)$를 a에서 b까지 적분한다고 하고, a를 아래끝, b를 위끝이라고 한다.

◀ $\Big[\,F(x)+C\,\Big]_a^b$
$=\{F(b)+C\}-\{F(a)+C\}$
$=F(b)-F(a)$
$=\Big[\,F(x)\,\Big]_a^b$
이므로 정적분의 계산에서 적분상수는 고려하지 않는다.

◀ 부정적분 $\displaystyle\int f(x)\,dx$는 함수이지만 정적분 $\displaystyle\int_a^b f(x)\,dx$는 실수이다.

---

01 다음 정적분의 값을 구하여라.

(1) $\displaystyle\int_{-1}^1 (4x^3-3x^2+2)\,dx$

(2) $\displaystyle\int_2^3 (x-2)(x^2+2x+4)\,dx$

(3) $\displaystyle\int_4^4 (x-5)^6\,dx$

(4) $\displaystyle\int_3^0 (x^2-9)\,dx$

|01◁

아래끝, 위끝이 같으면 정적분의 값은 0이고, 아래끝과 위끝을 바꾸면 $-$부호가 생긴다.

02 $\displaystyle\int_0^1 (ax^2+1)\,dx=4$일 때, 상수 a의 값을 구하여라.

03 $\int_{1}^{2}\frac{x^2}{x+1}dx-\int_{1}^{2}\frac{1}{t+1}dt$의 값을 구하여라.

> **03** 두 정적분의 구간이 같으면 함수를 합칠 수 있다.

04 함수 $f(x)=9x^2-2x$에 대하여 $\int_{-2}^{-1}f(x)dx+\int_{-1}^{1}f(x)dx-\int_{2}^{1}f(x)dx$의 값은?

① 42　② 44　③ 46　④ 48　⑤ 50

> **04** $\int_{a}^{b}f(x)dx+\int_{b}^{c}f(x)dx=\int_{a}^{c}f(x)dx$임을 이용하여 주어진 정적분을 하나의 정적분으로 나타낸 후 계산한다.

05 함수 $f(k)=\int_{1}^{3}(x+k)^2dx-\int_{3}^{1}(2x^2+1)dx$는 $k=a$일 때 최솟값 b를 갖는다. 이때 $a+b$의 값을 구하여라.

> **05** 아래끝, 위끝을 바꾸어 구간이 같아지도록 한 후 함수를 합친다.

06 함수 $f(x)=\begin{cases} x+2 & (x\le 1) \\ -x^2+4 & (x>1)\end{cases}$일 때, $\int_{0}^{2}f(x)dx$의 값을 구하여라.

> **06** 구간에 따라 다르게 정의된 함수의 정적분의 값은 구간을 나누어 구한다.

07 함수 $y=f(x)$의 그래프가 오른쪽 그림과 같을 때, $\int_{-1}^{1}3xf(x)dx$의 값은?

① 1　② 2　③ 3　④ 4　⑤ 5

> **07** 그래프의 꺾인 점을 기준으로 각 구간에서 함수의 식을 찾아 적분한다.

08 정적분 $\int_{-3}^{1}|x^2+3x|dx$의 값은?

① $\frac{11}{3}$　② $\frac{13}{3}$　③ 5　④ $\frac{17}{3}$　⑤ $\frac{19}{3}$

> **08** 절댓값 기호 안의 식의 값을 0으로 하는 x의 값을 기준으로 구간을 나누어 적분한다.

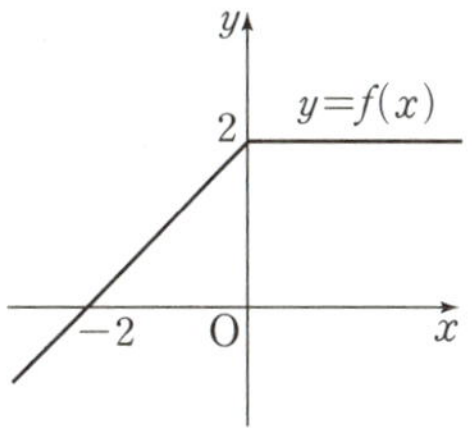

 **필수 개념 15**

여러 가지 정적분의 계산

---

1. 짝함수와 홀함수의 정적분

(1) 함수 $f(x)$가 짝함수, 즉 $f(-x)=f(x)$이면 $\displaystyle\int_{-a}^{a} f(x)dx=2\int_{0}^{a} f(x)dx$

(2) 함수 $f(x)$가 홀함수, 즉 $f(-x)=-f(x)$이면 $\displaystyle\int_{-a}^{a} f(x)dx=0$

2. 주기함수의 정적분

$f(x)$의 주기가 p일 때

(1) $\displaystyle\int_{a}^{b} f(x)dx=\int_{a+p}^{b+p} f(x)dx$ 　　(2) $\displaystyle\int_{a}^{a+p} f(x)dx=\int_{b}^{b+p} f(x)dx$

3. 정적분으로 정의된 함수의 미분

(1) $\displaystyle\frac{d}{dx}\int_{a}^{x} f(t)dt=f(x)$ (단, a는 상수이다.)

(2) $\displaystyle\frac{d}{dx}\int_{x}^{x+a} f(t)dt=f(x+a)-f(x)$ (단, a는 상수이다.)

4. 정적분으로 정의된 함수의 극한

(1) $\displaystyle\lim_{x\to 0}\frac{1}{x}\int_{a}^{a+x} f(t)dt=f(a)$ 　　(2) $\displaystyle\lim_{x\to a}\frac{1}{x-a}\int_{a}^{x} f(t)dt=f(a)$

> 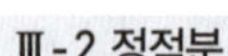
> ◾ 짝함수의 그래프는 y축에 대하여 대칭이고, 홀함수의 그래프는 원점에 대하여 대칭이다.
>
> ◾ 정적분을 포함한 등식의 풀이법
> (1) 적분구간이 상수로 주어진 경우
> $A=B+\displaystyle\int_{a}^{b} f(x)dx$의 꼴
> $\Rightarrow \displaystyle\int_{a}^{b} f(x)dx=k$
> (k는 상수)로 놓는다.
> (2) 적분구간이 변수로 주어진 경우
> $A=B+\displaystyle\int_{a}^{x} f(t)dt$의 꼴
> $\Rightarrow$ 양변을 x에 대하여 미분하고, 양변에 $x=a$를 대입한다.

---

01 정적분 $\displaystyle\int_{-1}^{1} (6x^5-5x^4+4x^3-3x^2+2x-1)dx$의 값을 구하여라.

> **01**
> 짝함수와 홀함수로 나누어 정적분의 값을 구한다.

02 함수 $f(x)$가 다음 두 조건을 만족시킬 때, $\displaystyle\int_{-2}^{10} f(x)dx$의 값을 구하여라.

> (개) $-2\le x\le 2$일 때, $f(x)=-x^2+4$ 　　　(내) $f(x)=f(x+4)$

> **02**
> 정적분을 주기에 맞게 구간을 나누고 반복되는 구간의 개수를 파악한다. 주기함수의 경우 구간의 시작점과 관계없이 한 주기의 정적분의 값은 항상 같다.

03 함수 $F(x)=\displaystyle\int_{0}^{x} (t^3-1)dt$에 대하여 $F'(2)$의 값을 구하여라.

---

04 미분가능한 함수 $f(x)$가 $f(x)=-3x^2-8x+\displaystyle\int_0^2 f(x)dx$를 만족시킬 때, $f(1)$의 값은?

① 7   ② 9   ③ 11

④ 13   ⑤ 15

05 미분가능한 함수 $f(x)$가 $xf(x)=2x^3-5x^2+\displaystyle\int_1^x f(t)dt$를 만족시킬 때, 함수 $f(x)$를 구하여라.

06 함수 $f(x)=4x^4-3x^2+1$일 때, $\displaystyle\lim_{x\to-1}\frac{1}{x^2-1}\int_{-1}^x f(t)dt$의 값은?

① -3 ② -2 ③ -1

④ 1   ⑤ 2

07 $\displaystyle\lim_{h\to 0}\frac{1}{h}\int_2^{2+3h}\left(\frac{1}{2}x^2+3x-2\right)dx$의 값은?

① 10   ② 12   ③ 14

④ 16   ⑤ 18

08 함수 $f(x)=\displaystyle\int_0^x (t^2-t-2)dt$의 극댓값을 M, 극솟값을 m이라고 할 때, $M+m$의 값은?

① $-\dfrac{5}{2}$ ② $-\dfrac{7}{3}$ ③ $-\dfrac{13}{6}$

④ -2 ⑤ $-\dfrac{11}{6}$

01

함수 $f(x)$의 부정적분 중 하나가 $2x^3 - \dfrac{a}{2}x^2 + x + C$이고
$f(2) = 3$일 때, 상수 a의 값은?

① 10　　　　② 11　　　　③ 12
④ 13　　　　⑤ 14

02

부정적분 $\displaystyle\int (3x-2)^2 dx$는? (단, C는 적분상수이다.)

① $-3x^3 - 6x^2 + 4x + C$
② $-2x^3 - 3x^2 + 2x + C$
③ $x^3 - 3x^2 + 2x + C$
④ $2x^3 + 6x^2 - 4x + C$
⑤ $3x^3 - 6x^2 + 4x + C$

03

잘 나오는 수능 유형

함수 $f(x)$가
$f(x) = \displaystyle\int\left(\frac{1}{2}x^3 + 2x + 1\right)dx - \int\left(\frac{1}{2}x^3 + x\right)dx$이고
$f(0) = 1$일 때, $f(4)$의 값은?

① $\dfrac{23}{2}$　　　　② 12　　　　③ $\dfrac{25}{2}$

④ 13　　　　⑤ $\dfrac{27}{2}$

04

함수 $f(x) = \displaystyle\int\left\{\frac{d}{dx}(x^3 - 2x^2 + 3x)\right\}dx$에 대하여
$f(0) = 3$일 때, $f(2)$의 값은?

① 6　　　　② 7　　　　③ 8
④ 9　　　　⑤ 10

05

잘 나오는 내신 유형

점 $(0, 2)$를 지나는 곡선 $y = f(x)$ 위의 점 $(x, f(x))$에
서의 접선의 기울기가 $3x^2 + 2x$일 때, $f(1)$의 값은?

① 1　　　　② 2　　　　③ 3
④ 4　　　　⑤ 5

06

다항함수 $f(x)$와 그 부정적분 $F(x)$ 사이에
$$F(x) + \int xf(x)dx = x^3 - x^2 - 5x + C$$
인 관계가 성립할 때, 함수 $f(x)$는? (단, C는 상수이다.)

① $f(x) = -3x - 2$　　　　② $f(x) = 2x + 1$
③ $f(x) = 3x - 5$　　　　④ $f(x) = 2x^2 - 3$
⑤ $f(x) = 3x^2 - 2x - 5$

07

함수 $f(x)$의 도함수는 이차식으로 나타내어지며, 그 그래프는 오른쪽 그림과 같다. 함수 $f(x)$의 극솟값이 3, 극댓값이 5일 때, $f(x)$를 구하여라.

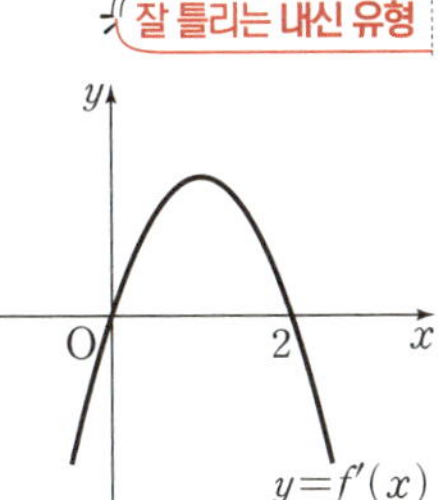

08

$\int_0^a (3x^2-4)dx=0$을 만족시키는 양수 a의 값은?

① 2 　② $\dfrac{9}{4}$ 　③ $\dfrac{5}{2}$

④ $\dfrac{11}{4}$ 　⑤ 3

09

$\int_1^2 (3x-1)^2 dx + \int_1^2 (4x+3)dx$의 값은?

① 20 　② 22 　③ 24

④ 26 　⑤ 28

10

$\int_0^3 (6x+5)dx - \int_a^3 (6x+5)dx$의 값이 22일 때, 상수 a의 값은? (단, $0<a<3$)

① $\dfrac{1}{2}$ 　② 1 　③ $\dfrac{3}{2}$

④ 2 　⑤ $\dfrac{5}{2}$

11

다항함수 $f(x)$에 대하여

$$\int_0^1 f(x)dx=2, \quad \int_1^3 f(x)dx=5, \quad \int_0^2 f(x)dx=3$$

일 때, $\int_2^3 f(x)dx$의 값은?

① 1 　② 2 　③ 3

④ 4 　⑤ 5

12

함수 $f(x)=\begin{cases} 4x-5 & (x\leq 1) \\ -3x^2+2 & (x>1) \end{cases}$ 일 때, $\int_0^3 f(x)dx$의 값을 구하여라.

13

$\int_0^2 (x^3+2x+1+|x-1|)\,dx$의 값은?

① 10 ② 11 ③ 12
④ 13 ⑤ 14

14

$\int_{-2}^1 (3x^2-2x+1)\,dx + \int_1^2 (1-2t+3t^2)\,dt$의 값은?

① 18 ② 19 ③ 20
④ 21 ⑤ 22

15

연속함수 $f(x)$는 임의의 실수 x에 대하여 다음 두 조건을 만족시킨다. $\int_0^1 f(x)\,dx=8$일 때, $\int_{-2}^6 f(x)\,dx$의 값은?

(개) $f(-x)=f(x)$ (내) $f(x)=f(x+2)$

① 16 ② 32 ③ 48
④ 64 ⑤ 80

16

미분가능한 함수 $f(x)=\int_0^x (3t^2+5)\,dt$에 대하여

$\displaystyle\lim_{x\to 2}\frac{f(x)-f(2)}{x-2}$의 값을 구하여라.

17

미분가능한 함수 $f(x)$가 $f(x)=6x^2-4x+\int_0^2 f(t)\,dt$

일 때, $f(-1)$의 값은?

① -5 ② -3 ③ 2
④ 4 ⑤ 6

18

다항함수 $f(x)$가 $f(x)=-9x^2+x+\int_0^1 tf'(t)\,dt$를 만족시킬 때, 함수 $f(x)$를 구하여라.

19

미분가능한 함수 $f(x)$가 $f(x)=x^2+\displaystyle\int_0^1 (2x+1)f(t)\,dt$

일 때, $\displaystyle\int_0^1 f(x)\,dx$의 값은?

① -3　　② $-\dfrac{1}{3}$　　③ 0

④ $\dfrac{1}{3}$　　⑤ 3

20

잘 틀리는 수능 유형

다음을 만족시키는 미분가능한 함수 $f(x)$에 대하여 $f(1)$의 값은?

$$\int_1^x (x-t)f(t)\,dt=x^4+ax^2-10x+6$$

① 18　　② 21　　③ 24

④ 27　　⑤ 30

21

미분가능한 함수 $f(x)$가

$$x^2 f(x)=3x^4-2x^3+2\int_2^x tf(t)\,dt$$

를 만족시킬 때, $f(0)$의 값은?

① -5　　② -4　　③ -3

④ -2　　⑤ -1

22

잘 나오는 내신 유형

함수 $f(x)=x^3-3x^2-2x-1$에 대하여

$\displaystyle\lim_{x\to 2}\dfrac{1}{x-2}\int_2^x f(t)\,dt$의 값은?

① -7　　② -9　　③ -11

④ -13　　⑤ -15

23

$\displaystyle\lim_{h\to 0}\dfrac{1}{h}\int_{1-h}^{1+h}(12x^2-8x+5)\,dx$의 값은?

① 15　　② 16　　③ 17

④ 18　　⑤ 19

24

닫힌구간 $[0,\,2]$에서 함수 $f(x)=\displaystyle\int_{-1}^x (3t^2-12t+9)\,dt$의

최댓값을 a, 최솟값을 b라고 할 때, $a+b$의 값은?

① 32　　② 34　　③ 36

④ 38　　⑤ 40

16 넓이

1. 넓이

(1) **곡선과 x축 사이의 넓이**: 함수 $y=f(x)$가 닫힌구간 $[a, b]$에서 연속일 때, 곡선 $y=f(x)$와 x축 및 두 직선 $x=a$, $x=b$로 둘러싸인 부분의 넓이 S는

$$S=\int_a^b |f(x)|\,dx$$

(2) **두 곡선 사이의 넓이**: 두 함수 $y=f(x)$와 $y=g(x)$가 닫힌구간 $[a, b]$에서 연속일 때, 두 곡선 $y=f(x)$와 $y=g(x)$ 및 두 직선 $x=a$와 $x=b$로 둘러싸인 부분의 넓이 S는

$$S=\int_a^b |f(x)-g(x)|\,dx$$

■ **곡선과 x축 사이의 넓이**

① 곡선이 x축 위쪽에 있으면
  ⇨ (넓이) = (정적분)

② 곡선이 x축 아래쪽에 있으면 ⇨ (넓이) = − (정적분)

■ **두 곡선 사이의 넓이**

두 곡선의 교점의 x좌표를 기준으로 구간을 나누어 정적분의 값을 구한다.
⇨ {(위쪽 식) − (아래쪽 식)}을 정적분한다.

2. 포물선 킬러 공식

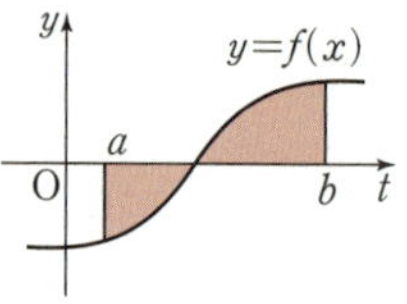

(1) 포물선과 x축	(2) 포물선과 직선	(3) 포물선과 포물선
$\Rightarrow S=\left|\dfrac{a}{6}(\beta-\alpha)^3\right|$	$\Rightarrow S=\left|\dfrac{a}{6}(\beta-\alpha)^3\right|$	$\Rightarrow S=\left|\dfrac{a-a'}{6}(\beta-\alpha)^3\right|$

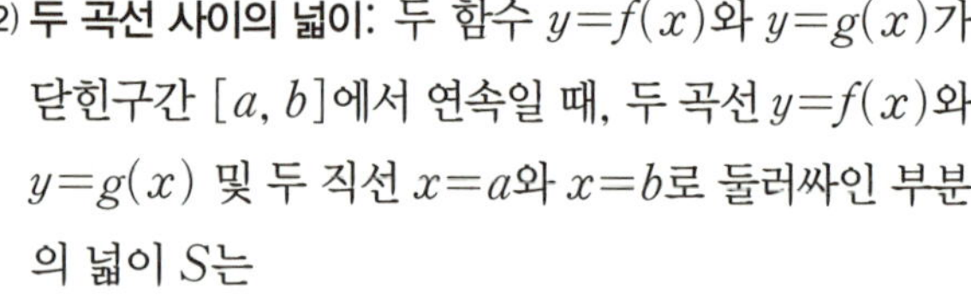

---

01 곡선 $y=x^2-4x+3$과 x축으로 둘러싸인 부분의 넓이를 구하여라.

02 곡선 $x=y^2-2y$와 y축 및 직선 $y=3$으로 둘러싸인 부분의 넓이는?

① $\dfrac{8}{3}$ ② 3 ③ $\dfrac{10}{3}$

④ $\dfrac{11}{3}$ ⑤ 4

02

함수 $x=f(y)$의 그래프의 y절편을 구한 후 $f(y)$의 값이 양수인 구간과 음수인 구간으로 나누어 넓이를 구한다.

03 곡선 $y=x^3-4x^2+4x$와 직선 $y=x$로 둘러싸인 부분의 넓이를 구하여라.

03
곡선과 직선의 교점의 x좌표를 구한 후 이 x좌표를 기준으로 구간을 나누어 넓이를 구한다.

04 두 포물선 $y=x^2+2x-2$, $y=-x^2+6x+4$로 둘러싸인 부분의 넓이는?

① 20 ② $\dfrac{61}{3}$ ③ $\dfrac{62}{3}$

④ 21 ⑤ $\dfrac{64}{3}$

04
먼저 두 포물선의 교점의 x좌표를 구한 후 포물선 킬러 공식을 이용한다.

05 포물선 $y=-3x^2+6kx$와 x축으로 둘러싸인 부분의 넓이가 108일 때, 양수 k의 값을 구하여라.

05
포물선 킬러 공식을 이용하여 넓이를 k에 대한 식으로 나타낸다.

06 곡선 $y=x^3-(2+k)x^2+2kx$와 x축으로 둘러싸인 두 부분의 넓이가 같을 때, 상수 k의 값은? (단, $k>2$)

① 1 ② 2 ③ 3

④ 4 ⑤ 5

06
곡선과 x축으로 둘러싸인 두 부분의 넓이가 같을 때, 함수 $f(x)$의 그래프의 x절편을 구한 후 정적분의 값이 0임을 이용한다.

07 곡선 $y=-x^3+3x^2-x+2$와 이 곡선 위의 점 $(0, 2)$에서의 접선으로 둘러싸인 부분의 넓이를 구하여라.

07
먼저 접선의 방정식을 구한다.
⇨ 곡선 $y=f(x)$ 위의 점 $(a, f(a))$에서의 접선의 방정식은
$y-f(a)=f'(a)(x-a)$

08 함수 $f(x)=x^2\ (x\geq0)$의 역함수를 $g(x)$라고 할 때, 두 곡선 $y=f(x)$, $y=g(x)$로 둘러싸인 부분의 넓이는?

① $\dfrac{1}{6}$ ② $\dfrac{1}{3}$ ③ $\dfrac{1}{2}$

④ $\dfrac{2}{3}$ ⑤ $\dfrac{5}{6}$

08
함수 $y=f(x)$와 그 역함수 $y=g(x)$의 그래프로 둘러싸인 부분의 넓이는 곡선 $y=f(x)$와 직선 $y=x$로 둘러싸인 부분의 넓이의 2배이다.

17 속도와 거리

---

1. 위치의 변화량과 움직인 거리

수직선 위를 움직이는 점 P의 시각 t에서의 속도를 $v(t)$, 위치를 $x(t)$라고 하면

(1) $t=a$에서 점 P의 위치 $\Rightarrow x(a)=x(0)+\int_0^a v(t)dt$

(2) $t=a$에서 $t=b$까지 점 P의 위치의 변화량 $\Rightarrow \int_a^b v(t)dt$

(3) $t=a$에서 $t=b$까지 점 P가 움직인 거리 $\Rightarrow \int_a^b |v(t)|dt$

2. 속도의 그래프

수직선 위를 움직이는 점 P의 시각 t에서의 속도 $v(t)$의 그래프가 오른쪽 그림과 같을 때

(1) $t=a$에서 $t=b$까지 점 P의 위치의 변화량

$\Rightarrow \int_a^b v(t)dt=S_1-S_2$

(2) $t=a$에서 $t=b$까지 점 P가 움직인 거리

$\Rightarrow \int_a^b |v(t)|dt=S_1+S_2$

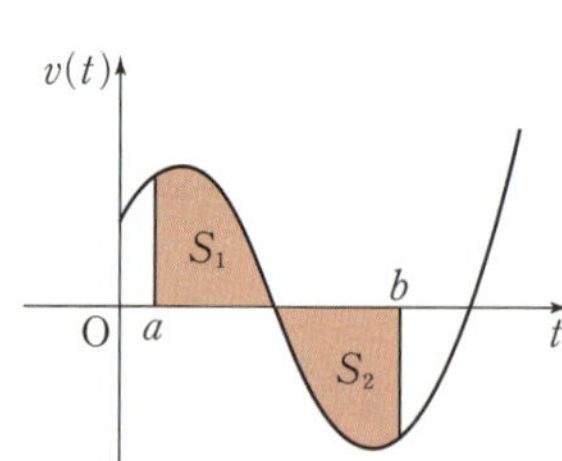

- (1) (위치)
  = (출발점의 위치)
  + (위치의 변화량)
- (2) (위치의 변화량)
  = (속도의 정적분)
- (3) (움직인 거리)
  = (|속도|의 정적분)

- $v(t)$의 값의 부호가 바뀌는 지점에서 점 P의 운동 방향이 바뀐다.

---

01 수직선 위를 움직이는 점 P의 시각 t에서의 속도가 $v(t)=t^2-2t$이고 시각 $t=0$일 때의 점 P의 위치가 -1일 때, 시각 $t=2$일 때의 점 P의 위치는?

① $-\dfrac{7}{3}$　　　　② $-\dfrac{2}{3}$　　　　③ 1

④ $\dfrac{5}{3}$　　　　⑤ $\dfrac{8}{3}$

01
(위치) = (출발점의 위치)
　　　　+ (위치의 변화량)
임을 이용한다.

02 수직선 위를 움직이는 점 P의 시각 t에서의 속도가 $v(t)=2t-8$일 때, 시각 $t=1$에서 $t=3$까지 점 P의 위치의 변화량을 구하여라.

02
위치의 변화량은 속도를 정적분하여 구한다.

03 수직선 위를 움직이는 점 P의 시각 t에서의 속도가 $v(t)=t^2-3t$일 때, 시각 $t=0$에서 $t=4$까지 점 P가 실제로 움직인 거리를 구하여라.

03
움직인 거리는 |속도|를 정적분하여 구한다.

04 지상 20 m 높이의 건물 옥상에서 처음 속도 5 m/초로 똑바로 위로 쏘아 올린 물체의 t초 후의 속도가 $v(t)=20-5t\,(\text{m/초})$일 때, 쏘아 올린 후 4초가 지났을 때, 지상으로부터의 높이는?

① 40 m　　　　② 45 m　　　　③ 50 m

④ 55 m　　　　⑤ 60 m

05 지면에서 똑바로 위로 발사한 로켓의 t초 후의 속도가 $v(t)=-t^2-4t+21\,(\text{m/초})$일 때, 이 로켓의 지면으로부터의 최고 높이는?

① 32 m　　　　② 34 m　　　　③ 36 m

④ 38 m　　　　⑤ 40 m

05
위로 발사한 로켓은 최대 높이에서 멈춘 후 다시 밑으로 떨어지게 된다. 즉, $v(t)=0$일 때 최고 높이이다.

06 지상 15 m 높이의 건물 옥상에서 똑바로 위로 쏘아 올린 물체의 t초 후의 속도가 $v(t)=30-10t\,(\text{m/초})$일 때, 4초 동안 움직인 거리를 구하여라.

07 원점을 출발하여 수직선 위를 움직이는 점 P의 t초 후의 속도 $v(t)$의 그래프가 오른쪽 그림과 같을 때, 운동 방향을 바꿀 때까지 점 P가 실제로 움직인 거리를 구하여라.

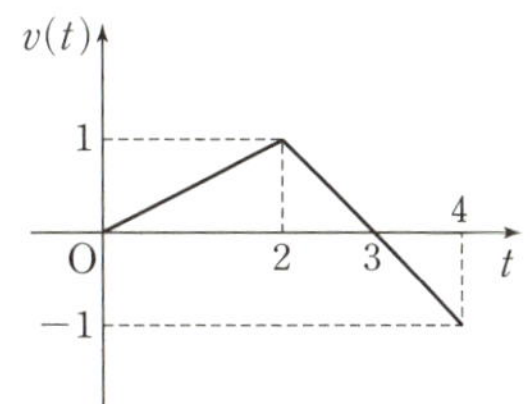

07
$v(t)>0$이면 점 P는 양의 방향으로 움직이고 $v(t)<0$이면 점 P는 음의 방향으로 움직인다. 즉, 점 P는 $v(t)=0$일 때 운동 방향을 바꾼다.

08 원점을 출발하여 수직선 위를 움직이는 점 P의 t시간 후의 속도 $v(t)$의 그래프가 오른쪽 그림과 같을 때, 출발 후 6시간 동안 이동한 거리는?

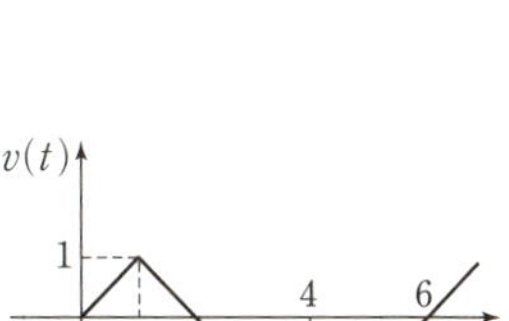

① 1　　　　　② 2

③ 3　　　　　④ 4

⑤ 5

01

곡선 $y=x^3-9x$와 x축으로 둘러싸인 부분의 넓이는?

① $\dfrac{77}{2}$　　② 39　　③ $\dfrac{79}{2}$

④ 40　　⑤ $\dfrac{81}{2}$

02

곡선 $y=x^2-4x+2$와 직선 $y=2$로 둘러싸인 부분의 넓이는?

① 10　　② $\dfrac{31}{3}$　　③ $\dfrac{32}{3}$

④ 11　　⑤ $\dfrac{34}{3}$

03

곡선 $x=y(y-k)^2$과 y축으로 둘러싸인 부분의 넓이가 12일 때, 양수 k의 값은?

① $2\sqrt{2}$　　② $2\sqrt{3}$　　③ 4

④ $2\sqrt{5}$　　⑤ $2\sqrt{6}$

04

잘 나오는 수능 유형

곡선 $y=-2x^2+3x$와 직선 $y=x$로 둘러싸인 부분의 넓이가 $\dfrac{q}{p}$일 때, $p+q$의 값을 구하여라.

(단, p와 q는 서로소인 자연수이다.)

05

네 직선 $x=0$, $x=1$, $y=0$, $y=1$로 둘러싸인 정사각형을 곡선 $y=x^3$이 오른쪽 그림과 같이 두 부분 S_1, S_2로 나눌 때, 두 부분 S_1, S_2의 넓이의 비는?

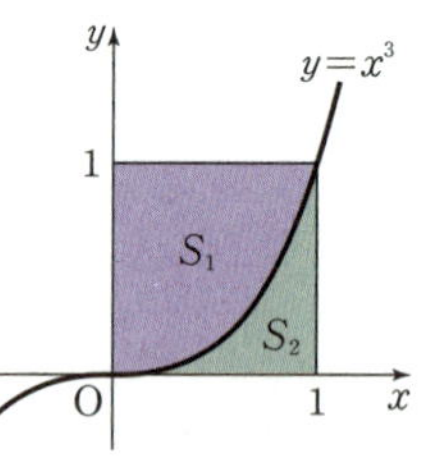

① $2:1$　　② $3:1$　　③ $3:2$

④ $1:2$　　⑤ $2:3$

06

잘 나오는 내신 유형

포물선 $y=x^2-2x$와 직선 $y=kx$로 둘러싸인 부분의 넓이가 $\dfrac{32}{3}$일 때, 실수 k의 값은?

① 1　　② 2　　③ 3

④ 4　　⑤ 5

정답과 풀이 p.38

07

오른쪽 그림은 이차함수 $y=2x^2-4x$의 그래프이다. 색칠한 두 부분 A, B의 넓이가 서로 같을 때, a의 값은? (단, $a>2$)

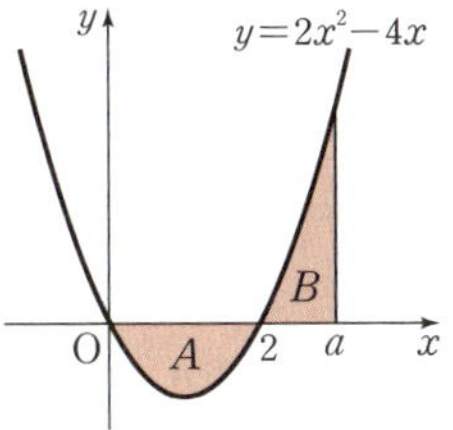

① 1 　　② 2
③ 3 　　④ 4
⑤ 5

08

잘 틀리는 내신 유형

곡선 $y=x^2-3x+4$와 이 곡선 밖의 점 $(2, 1)$에서 이 곡선에 그은 접선으로 둘러싸인 부분의 넓이는?

① $\dfrac{1}{3}$ 　　② $\dfrac{2}{3}$ 　　③ 1

④ $\dfrac{4}{3}$ 　　⑤ $\dfrac{5}{3}$

09

함수 $f(x)=\dfrac{1}{4}x^3\,(x\geq0)$의 역함수를 $g(x)$라고 할 때, 두 곡선 $y=f(x)$, $y=g(x)$로 둘러싸인 부분의 넓이는?

① 1 　　② 2 　　③ 3
④ 4 　　⑤ 5

10

원점을 출발하여 수직선 위를 움직이는 점 P의 시각 t에서의 속도가 $v(t)=4-t$일 때, 시각 $t=3$일 때의 점 P의 위치는?

① $\dfrac{11}{2}$ 　　② 6 　　③ $\dfrac{13}{2}$

④ 7 　　⑤ $\dfrac{15}{2}$

11

잘 나오는 수능 유형

수직선 위를 움직이는 점 P의 시각 t에서의 속도가 $v(t)=-2t+4$이다. 시각 $t=0$에서 $t=4$까지 점 P가 움직인 거리는?

① 8 　　② 9 　　③ 10
④ 11 　　⑤ 12

12

원점을 동시에 출발하여 수직선 위를 움직이는 두 점 P, Q가 있다. 출발한 지 t초 후의 점 P의 속도 v와 점 Q의 속도 u는 $v=3t(4-t)$, $u=2t$라고 한다. 출발 후 두 점 P, Q가 다시 만나는 것은 몇 초 후인지 구하여라.

13

직선 철도 위를 초속 $20\,\mathrm{m}$로 달리고 있는 기차가 제동을 건 지 t초 후의 속도는 $v(t)=-2t+20\,(\mathrm{m/초})$라고 한다. 제동을 건 후 기차가 정지할 때까지 달린 거리는?

① 80 m   ② 100 m   ③ 120 m
④ 140 m   ⑤ 160 m

14

잘 나오는 내신 유형

원점을 출발하여 수직선 위를 움직이는 점 P의 t초 후의 속도는 $v(t)=-3t^2-2t+12$이다. 점 P가 원점을 출발한 후 다시 원점으로 돌아오는 것은 몇 초 후인가?

① 1초   ② 2초   ③ 3초
④ 4초   ⑤ 5초

15

잘 나오는 수능 유형

원점을 출발하여 수직선 위를 움직이는 점 P의 시각 $t\,(0\le t\le 6)$에서의 속도 $v(t)$의 그래프가 오른쪽 그림과 같다. 점 P가 시각 $t=0$에서 $t=6$까지 움직인 거리는?

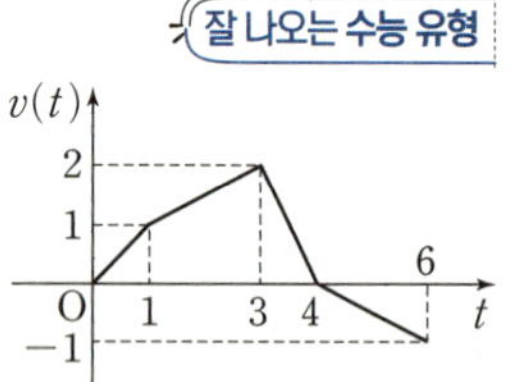

① $\dfrac{3}{2}$ ② $\dfrac{5}{2}$ ③ $\dfrac{7}{2}$
④ $\dfrac{9}{2}$ ⑤ $\dfrac{11}{2}$

16

원점을 출발하여 수직선 위를 움직이는 점 P의 시각 $t\,(0\le t\le 10)$에서의 속도 $v(t)$의 그래프가 오른쪽 그림과 같다. 점 P의 시각 t초에서의 위치를 $x(t)$라고 할 때, $x(10)=\dfrac{35}{3}$이다. 출발 후 10초 동안 점 P가 움직인 거리는? (단, k는 양수이다.)

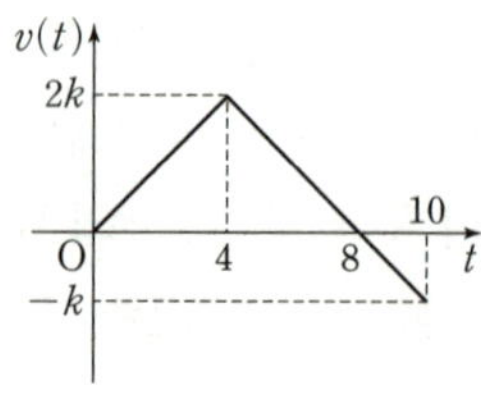

① 11   ② 12   ③ 13
④ 14   ⑤ 15

17

잘 틀리는 수능 유형

원점을 출발하여 수직선 위를 7초 동안 움직이는 점 P의 t초 후의 속도 $v(t)$의 그래프가 오른쪽 그림과 같을 때 |보기|의 설명 중 옳은 것을 있는 대로 고른 것은?

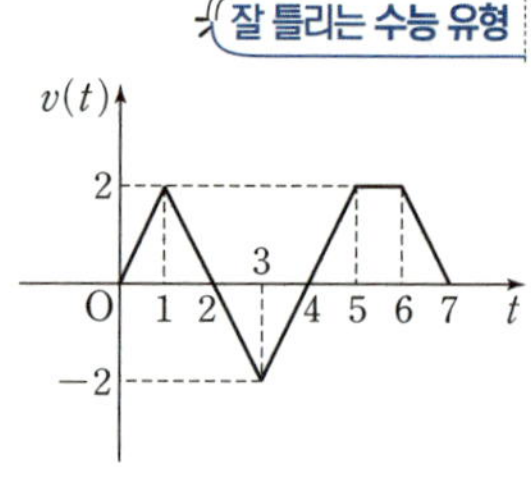

| 보기 |

ㄱ. 점 P는 출발하고 나서 1초 동안 멈춘 적이 있었다.

ㄴ. 점 P는 움직이는 동안 방향을 4번 바꿨다.

ㄷ. 점 P는 출발하고 나서 4초 후 출발점에 있었다.

① ㄱ   ② ㄷ   ③ ㄱ, ㄴ
④ ㄱ, ㄷ   ⑤ ㄴ, ㄷ

지학사

풍산자 라이트

정답과 풀이

수학 II

■ 01 함수의 수렴과 발산
p. 06

01 (1) 2 (2) 3 (3) $-\infty$ (4) ∞
02 (1) -2 (2) 0 (3) ∞ (4) ∞ **03** ④ **04** ⑤
05 -2 **06** -3 **07** ⑤

---

01 (1) $f(x)=x^2+1$로 놓으면 $y=f(x)$의 그래프는 오른쪽 그림과 같다.

$$\therefore \lim_{x \to -1}(x^2+1)=2$$

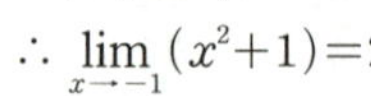
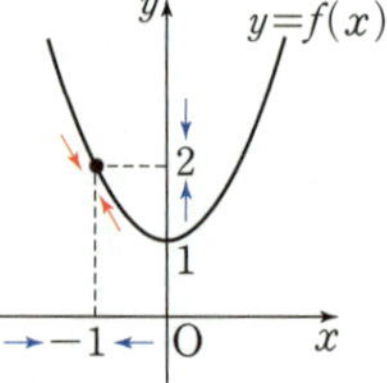

(2) $f(x)=\dfrac{x^2-3x}{x-3}$로 놓으면

$x \neq 3$일 때 $f(x)=\dfrac{x^2-3x}{x-3}=\dfrac{x(x-3)}{x-3}=x$

이므로 $y=f(x)$의 그래프는 오른쪽 그림과 같다.

$$\therefore \lim_{x \to 3}\frac{x^2-3x}{x-3}=3$$

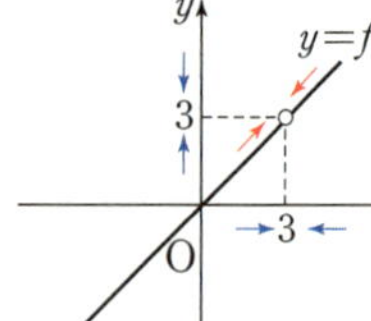

참고

분자를 인수분해하고 약분하여 식을 간단히 한 후 그래프를 그린다.

(3) $f(x)=1-\dfrac{1}{x^2}$로 놓으면 $y=f(x)$의 그래프는 오른쪽 그림과 같다.

$$\therefore \lim_{x \to 0}\left(1-\frac{1}{x^2}\right)=-\infty$$

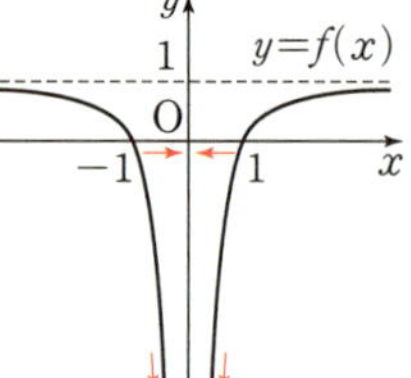

(4) $f(x)=\dfrac{1}{|x+2|}$로 놓으면 $y=f(x)$의 그래프는 오른쪽 그림과 같다.

$$\therefore \lim_{x \to -2}\frac{1}{|x+2|}=\infty$$

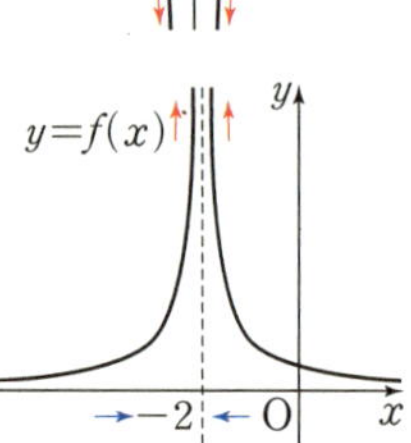

02 (1) $f(x)=\dfrac{1}{x}-2$로 놓으면 $y=f(x)$의 그래프는 오른쪽 그림과 같다.

$$\therefore \lim_{x \to \infty}\left(\frac{1}{x}-2\right)=-2$$

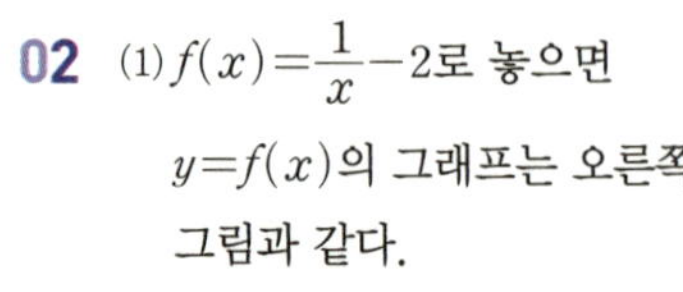
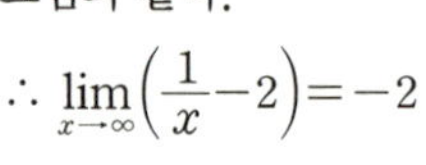

(2) $f(x)=\dfrac{1}{x-3}$로 놓으면 $y=f(x)$의 그래프는 오른쪽 그림과 같다.

$$\therefore \lim_{x \to -\infty}\frac{1}{x-3}=0$$

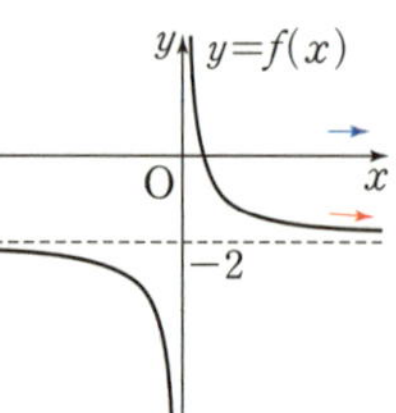
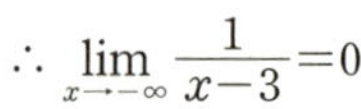
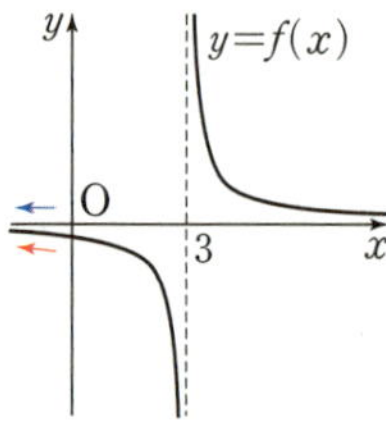

---

(3) $f(x)=2x^2-4$로 놓으면 $y=f(x)$의 그래프는 오른쪽 그림과 같다.

$$\therefore \lim_{x \to \infty}(2x^2-4)=\infty$$

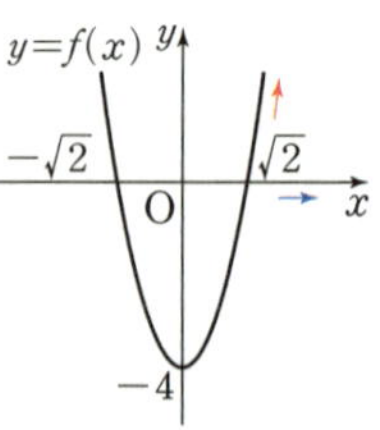

(4) $f(x)=\sqrt{1-x}$로 놓으면 $y=f(x)$의 그래프는 오른쪽 그림과 같다.

$$\therefore \lim_{x \to -\infty}\sqrt{1-x}=\infty$$

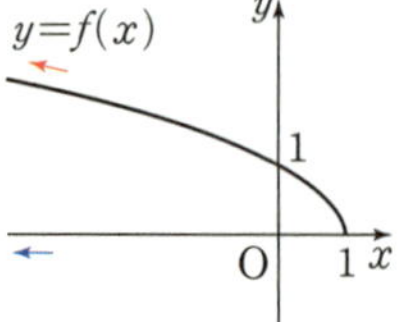

03 $\lim\limits_{x \to 0-}f(x)=1$, $\lim\limits_{x \to 0+}f(x)=1$이므로

$$\lim_{x \to 0}f(x)=1$$

$$\lim_{x \to 1+}f(x)=3$$

$$\therefore \lim_{x \to 0}f(x)+\lim_{x \to 1+}f(x)=1+3=4$$

04 함수 $y=f(x)$의 그래프는 오른쪽 그림과 같다.

$\lim\limits_{x \to 1-}f(x)=3$,

$\lim\limits_{x \to 1+}f(x)=-1$

이므로 $a=3$, $b=-1$

$$\therefore a+b=3+(-1)=2$$

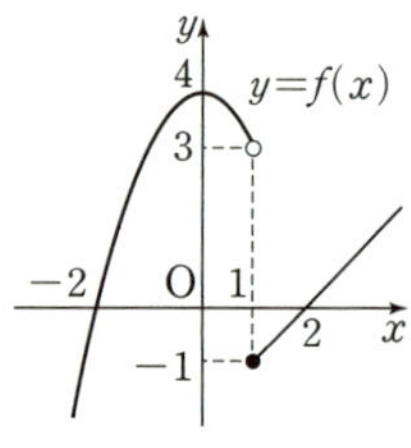

05 $x>0$일 때 $f(x)=\dfrac{x}{x}=1$

$x<0$일 때 $f(x)=\dfrac{-x}{x}=-1$

함수 $y=f(x)$의 그래프는 오른쪽 그림과 같다.

$$\therefore \lim_{x \to 0-}f(x)-\lim_{x \to 0+}f(x)=-1-1=-2$$

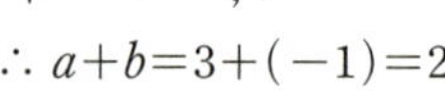

06 $\lim\limits_{x \to -2}\{8f(x)g(x)-g(x)\}$

$=8 \times \lim\limits_{x \to -2}f(x) \times \lim\limits_{x \to -2}g(x)-\lim\limits_{x \to -2}g(x)$

$=8 \times \dfrac{1}{4} \times (-3)-(-3)=-3$

07 $\lim\limits_{x \to -1}(3x-7)(x+6)=\lim\limits_{x \to -1}(3x-7)\lim\limits_{x \to -1}(x+6)$

$=\{3 \times (-1)-7\} \times (-1+6)$

$=-50$

$\lim\limits_{x \to 3}\dfrac{x-5}{x+5}=\dfrac{\lim\limits_{x \to 3}(x-5)}{\lim\limits_{x \to 3}(x+5)}$

$=\dfrac{3-5}{3+5}=-\dfrac{1}{4}$

따라서 $a=-50$, $b=-\dfrac{1}{4}$이므로

$$ab=-50 \times \left(-\frac{1}{4}\right)=\frac{25}{2}$$

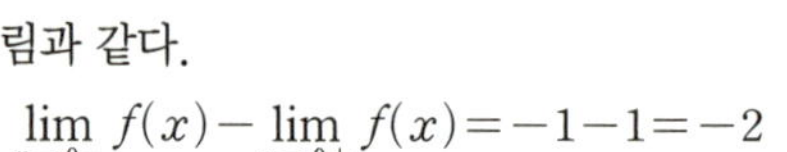

01 ⑤   **02** ④   **03** ②   **04** -1 **05** ①
06 1   **07** 2

01
$$\lim_{x \to 2} \frac{3x^2 - 5x - 2}{x - 2} = \lim_{x \to 2} \frac{(x-2)(3x+1)}{x-2}$$
$$= \lim_{x \to 2}(3x+1)$$
$$= 3 \times 2 + 1 = 7$$

02
$$\lim_{x \to \infty} \frac{(4x-1)(6x^2+5)}{2x^3 - 3x^2} = \lim_{x \to \infty} \frac{\left(4 - \frac{1}{x}\right)\left(6 + \frac{5}{x^2}\right)}{2 - \frac{3}{x}}$$
$$= \frac{4 \times 6}{2} = 12$$

03
$$\lim_{x \to \infty} \frac{\sqrt{x^2 - 4x} - 1}{\sqrt{9x^2 + 3x}} = \lim_{x \to \infty} \frac{\sqrt{1 - \frac{4}{x}} - \frac{1}{x}}{\sqrt{9 + \frac{3}{x}}} = \frac{1}{3}$$

04
$$\lim_{x \to \infty}\left(\sqrt{x^2 - x} - \sqrt{x^2 + x}\right)$$
$$= \lim_{x \to \infty} \frac{\left(\sqrt{x^2-x} - \sqrt{x^2+x}\right)\left(\sqrt{x^2-x} + \sqrt{x^2+x}\right)}{\sqrt{x^2-x} + \sqrt{x^2+x}}$$
$$= \lim_{x \to \infty} \frac{-2x}{\sqrt{x^2-x} + \sqrt{x^2+x}}$$
$$= \lim_{x \to \infty} \frac{-2}{\sqrt{1 - \frac{1}{x}} + \sqrt{1 + \frac{1}{x}}} = -1$$

05
$$\lim_{x \to 0} \frac{1}{x}\left\{\frac{1}{(x+2)^2} - \frac{1}{4}\right\} = \lim_{x \to 0}\left\{\frac{1}{x} \times \frac{-x(x+4)}{4(x+2)^2}\right\}$$
$$= \lim_{x \to 0} \frac{-(x+4)}{4(x+2)^2}$$
$$= \frac{-4}{4 \times 4} = -\frac{1}{4}$$

06 $\displaystyle\lim_{x \to 1} \frac{x^2 - ax + b}{x - 1} = -2$에서 $\displaystyle\lim_{x \to 1}(x-1) = 0$이므로
$$\lim_{x \to 1}(x^2 - ax + b) = 1 - a + b = 0$$
$$\therefore b = a - 1 \qquad\qquad \cdots\cdots ㉠$$
㉠을 주어진 식에 대입하면
$$\lim_{x \to 1} \frac{x^2 - ax + b}{x - 1} = \lim_{x \to 1} \frac{x^2 - ax + a - 1}{x - 1}$$
$$= \lim_{x \to 1} \frac{(x-1)(x - a + 1)}{x - 1}$$
$$= \lim_{x \to 1}(x - a + 1)$$
$$= -a + 2 = -2$$
$$\therefore a = 4$$
$a = 4$를 ㉠에 대입하면 $b = 3$
$$\therefore a - b = 4 - 3 = 1$$

07 $\dfrac{2x^2 + x - 1}{x^2 + 9} < f(x) < \dfrac{2x^2 + 8}{x^2 + 1}$에서
$$\lim_{x \to \infty} \frac{2x^2 + x - 1}{x^2 + 9} = 2, \ \lim_{x \to \infty} \frac{2x^2 + 8}{x^2 + 1} = 2$$이므로
$$\lim_{x \to \infty} f(x) = 2$$

01 ④	**02** ①	**03** ④	**04** -1	**05** ⑤
06 ④	**07** 30	**08** ②	**09** ②	**10** ⑤
11 ①	**12** ①	**13** ①	**14** ④	**15** ③
16 ①	**17** ②	**18** ③	**19** ④	**20** 6
21 ③	**22** ②	**23** 2	**24** ③	

01 $\displaystyle\lim_{x \to -1^-} f(x) = 2, \ \lim_{x \to 1^+} f(x) = -2$이므로
$$\lim_{x \to -1^-} f(x) - \lim_{x \to 1^+} f(x) = 2 - (-2) = 4$$

02 $x > 2$일 때
$$f(x) = \frac{x^2 - 4}{x - 2} = \frac{(x+2)(x-2)}{x - 2} = x + 2$$
$x < 2$일 때
$$f(x) = \frac{x^2 - 4}{-(x-2)} = \frac{(x+2)(x-2)}{-(x-2)} = -x - 2$$
함수 $y = f(x)$의 그래프는 다음 그림과 같다.

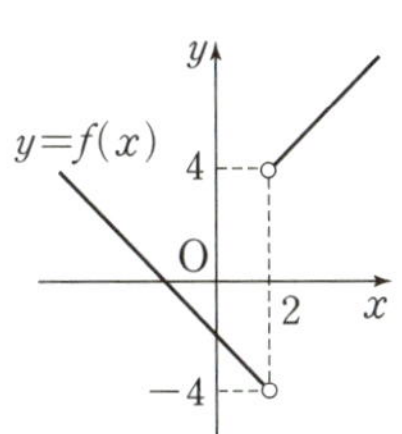

$$\lim_{x \to 2^-} f(x) = -4$$이므로 $a = -4$
$$\lim_{x \to 2^+} f(x) = 4$$이므로 $b = 4$
$$\therefore a + b = -4 + 4 = 0$$

03 $x \to 0^+$일 때, $x - 1 \to -1^+$이므로
$$[x - 1] \to -1$$
$$\therefore \lim_{x \to 0^+} \frac{x - 1}{[x - 1]} = \frac{0 - 1}{-1} = 1$$

참고

$[x]$가 x보다 크지 않은 최대의 정수일 때, 정수 n에 대하여
(1) $x \to n^-$이면 $n - 1 \le x < n$이므로
$$\lim_{x \to n^-} [x] = n - 1$$
(2) $x \to n^+$이면 $n \le x < n + 1$이므로
$$\lim_{x \to n^+} [x] = n$$

04 $\displaystyle\lim_{x \to -1-} f(x) = \lim_{x \to -1-} (ax-a) = -2a$

$\displaystyle\lim_{x \to -1+} f(x) = \lim_{x \to -1+} (x^2-2x+a) = 3+a$

$\displaystyle\lim_{x \to -1} f(x)$의 값이 존재하려면 $\displaystyle\lim_{x \to -1-} f(x) = \lim_{x \to -1+} f(x)$

이어야 하므로

$-2a = 3+a$

$\therefore a = -1$

05 $\displaystyle\lim_{x \to 1}(x^2+ax+6) = 1$에서

$1+a+6 = 1$

$\therefore a = -6$

$\displaystyle\therefore \lim_{x \to -1}\sqrt{-3x-a} = \lim_{x \to -1}\sqrt{-3x+6}$

$\qquad\qquad = \sqrt{9} = 3$

06 $2f(x)-5g(x) = h(x)$로 놓으면 $\displaystyle\lim_{x \to a} h(x) = 3$이고,

$g(x) = \dfrac{2f(x)-h(x)}{5}$이므로

$\displaystyle\lim_{x \to a} g(x) = \lim_{x \to a}\dfrac{2f(x)-h(x)}{5}$

$\qquad\qquad = \dfrac{2\displaystyle\lim_{x \to a}f(x) - \lim_{x \to a}h(x)}{5}$

$\qquad\qquad = \dfrac{2 \times 4 - 3}{5} = 1$

> **참고**
>
> 두 함수 $f(x)$, $g(x)$에 대하여
>
> $\displaystyle\lim_{x \to a}\{f(x)-g(x)\} = L$ (L은 실수)일 때
>
> $\Rightarrow f(x)-g(x) = h(x)$로 놓고
>
> $\quad g(x) = f(x)-h(x)$, $\displaystyle\lim_{x \to a}h(x) = L$
>
> 임을 이용한다.

07 [1단계]

$\displaystyle\lim_{x \to 1}(x+1)f(x) = 1$에서

$\displaystyle\lim_{x \to 1}(x+1) \times \lim_{x \to 1}f(x) = 1$

$2\displaystyle\lim_{x \to 1}f(x) = 1$

$\therefore \displaystyle\lim_{x \to 1}f(x) = \dfrac{1}{2}$

[2단계]

$\displaystyle\lim_{x \to 1}(2x^2+1)f(x) = \lim_{x \to 1}(2x^2+1) \times \lim_{x \to 1}f(x)$

$\qquad\qquad = 3\displaystyle\lim_{x \to 1}f(x)$

$\qquad\qquad = 3 \times \dfrac{1}{2} = \dfrac{3}{2}$

[3단계]

따라서 $a = \dfrac{3}{2}$이므로

$20a = 20 \times \dfrac{3}{2} = 30$

08 $\displaystyle\lim_{x \to -2}\dfrac{x^2+2x}{(x+1)(x+2)} = \lim_{x \to -2}\dfrac{x(x+2)}{(x+1)(x+2)}$

$\qquad\qquad = \displaystyle\lim_{x \to -2}\dfrac{x}{x+1}$

$\qquad\qquad = \dfrac{-2}{-2+1} = 2$

09 $\displaystyle\lim_{x \to 2}\dfrac{3-\sqrt{x^2+5}}{x-2} = \lim_{x \to 2}\dfrac{(3-\sqrt{x^2+5})(3+\sqrt{x^2+5})}{(x-2)(3+\sqrt{x^2+5})}$

$\qquad\qquad = \displaystyle\lim_{x \to 2}\dfrac{4-x^2}{(x-2)(3+\sqrt{x^2+5})}$

$\qquad\qquad = \displaystyle\lim_{x \to 2}\dfrac{-(x+2)(x-2)}{(x-2)(3+\sqrt{x^2+5})}$

$\qquad\qquad = \displaystyle\lim_{x \to 2}\dfrac{-(x+2)}{3+\sqrt{x^2+5}}$

$\qquad\qquad = \dfrac{-(2+2)}{3+\sqrt{9}}$

$\qquad\qquad = -\dfrac{2}{3}$

10 $\displaystyle\lim_{x \to 3}\dfrac{(x-3)f(x)}{\sqrt{x+6}-3} = \lim_{x \to 3}\dfrac{(x-3)f(x)(\sqrt{x+6}+3)}{(\sqrt{x+6}-3)(\sqrt{x+6}+3)}$

$\qquad\qquad = \displaystyle\lim_{x \to 3}\dfrac{(x-3)f(x)(\sqrt{x+6}+3)}{x-3}$

$\qquad\qquad = \displaystyle\lim_{x \to 3}f(x)(\sqrt{x+6}+3)$

$\qquad\qquad = \displaystyle\lim_{x \to 3}f(x) \times \lim_{x \to 3}(\sqrt{x+6}+3)$

$\qquad\qquad = \dfrac{1}{6} \times (\sqrt{9}+3) = 1$

11 $\displaystyle\lim_{x \to 0}\dfrac{f(x)}{x} = \lim_{x \to 0}\dfrac{x^2+ax}{x} = \lim_{x \to 0}(x+a) = a = 4$

12 $\displaystyle\lim_{x \to \infty}\dfrac{10x^2-3x+1}{-5x^2+x-2} = \lim_{x \to \infty}\dfrac{10-\dfrac{3}{x}+\dfrac{1}{x^2}}{-5+\dfrac{1}{x}-\dfrac{2}{x^2}}$

$\qquad\qquad = \dfrac{10}{-5} = -2$

13 $\displaystyle\lim_{x \to \infty}\dfrac{7-4x}{\sqrt{x^2+8}-1} = \lim_{x \to \infty}\dfrac{\dfrac{7}{x}-4}{\sqrt{1+\dfrac{8}{x}}-\dfrac{1}{x}} = -4$

14 $\displaystyle\lim_{x \to \infty}\dfrac{2x^2-3f(x)}{x^2+4f(x)} = \lim_{x \to \infty}\dfrac{2-3 \times \dfrac{f(x)}{x} \times \dfrac{1}{x}}{1+4 \times \dfrac{f(x)}{x} \times \dfrac{1}{x}}$

$\qquad\qquad = \dfrac{2-3 \times a \times 0}{1+4 \times a \times 0} = 2$

15 $\lim\limits_{x\to\infty}\dfrac{ax^3+bx^2-x+6}{x^2-2x-10}=3$이므로

$a=0$

$\lim\limits_{x\to\infty}\dfrac{bx^2-x+6}{x^2-2x-10}=\lim\limits_{x\to\infty}\dfrac{b-\dfrac{1}{x}+\dfrac{6}{x^2}}{1-\dfrac{2}{x}-\dfrac{10}{x^2}}$

$\qquad\qquad\qquad\qquad=b=3$

$\therefore\ a+b=0+3=3$

16 $\lim\limits_{x\to\infty}(\sqrt{x+5}-\sqrt{x-5}\,)$

$=\lim\limits_{x\to\infty}\dfrac{(\sqrt{x+5}-\sqrt{x-5}\,)(\sqrt{x+5}+\sqrt{x-5}\,)}{\sqrt{x+5}+\sqrt{x-5}}$

$=\lim\limits_{x\to\infty}\dfrac{10}{\sqrt{x+5}+\sqrt{x-5}}$

$=\lim\limits_{x\to\infty}\dfrac{\dfrac{10}{\sqrt{x}}}{\sqrt{1+\dfrac{5}{x}}+\sqrt{1-\dfrac{5}{x}}}=0$

17 $x=-t$로 놓으면 $x\to-\infty$일 때 $t\to\infty$이므로

$\lim\limits_{x\to-\infty}(\sqrt{x^2+2x+9}+x)$

$=\lim\limits_{t\to\infty}(\sqrt{t^2-2t+9}-t)$

$=\lim\limits_{t\to\infty}\dfrac{(\sqrt{t^2-2t+9}-t)(\sqrt{t^2-2t+9}+t)}{\sqrt{t^2-2t+9}+t}$

$=\lim\limits_{t\to\infty}\dfrac{-2t+9}{\sqrt{t^2-2t+9}+t}$

$=\lim\limits_{t\to\infty}\dfrac{-2+\dfrac{9}{t}}{\sqrt{1-\dfrac{2}{t}+\dfrac{9}{t^2}}+1}$

$=\dfrac{-2}{1+1}=-1$

18 $\lim\limits_{x\to0}\dfrac{1}{x}\left(\dfrac{1}{\sqrt{3}}-\dfrac{1}{\sqrt{3-x}}\right)=\lim\limits_{x\to0}\left\{\dfrac{1}{x}\times\dfrac{-x}{\sqrt{3}(\sqrt{3-x})}\right\}$

$\qquad\qquad\qquad\qquad\quad=\lim\limits_{x\to0}\dfrac{-1}{\sqrt{3}(\sqrt{3-x})}$

$\qquad\qquad\qquad\qquad\quad=\dfrac{-1}{\sqrt{3}\times\sqrt{3}}$

$\qquad\qquad\qquad\qquad\quad=-\dfrac{1}{3}$

19 [1단계]

$\lim\limits_{x\to2}\dfrac{x^3-a}{x-2}=b$에서 $\lim\limits_{x\to2}(x-2)=0$이므로

$\lim\limits_{x\to2}(x^3-a)=8-a=0$

$\therefore\ a=8$

[2단계]

$a=8$을 주어진 식에 대입하면

$\lim\limits_{x\to2}\dfrac{x^3-a}{x-2}=\lim\limits_{x\to2}\dfrac{x^3-8}{x-2}$

$\qquad\qquad\quad=\lim\limits_{x\to2}\dfrac{(x-2)(x^2+2x+4)}{x-2}$

$\qquad\qquad\quad=\lim\limits_{x\to2}(x^2+2x+4)$

$\qquad\qquad\quad=4+4+4$

$\qquad\qquad\quad=12=b$

[3단계]

$\therefore\ a+b=8+12=20$

20 [1단계]

$\lim\limits_{x\to1}\dfrac{\sqrt{x+a}-b}{x-1}=\dfrac{1}{4}$에서 $\lim\limits_{x\to1}(x-1)=0$이므로

$\lim\limits_{x\to1}(\sqrt{x+a}-b)=\sqrt{1+a}-b=0$

$\therefore\ b=\sqrt{1+a}$ $\qquad\qquad\qquad\qquad$ ...... ㉠

[2단계]

㉠을 주어진 식에 대입하면

$\lim\limits_{x\to1}\dfrac{\sqrt{x+a}-b}{x-1}$

$=\lim\limits_{x\to1}\dfrac{\sqrt{x+a}-\sqrt{1+a}}{x-1}$

$=\lim\limits_{x\to1}\dfrac{(\sqrt{x+a}-\sqrt{1+a})(\sqrt{x+a}+\sqrt{1+a})}{(x-1)(\sqrt{x+a}+\sqrt{1+a})}$

$=\lim\limits_{x\to1}\dfrac{x-1}{(x-1)(\sqrt{x+a}+\sqrt{1+a})}$

$=\lim\limits_{x\to1}\dfrac{1}{\sqrt{x+a}+\sqrt{1+a}}$

$=\dfrac{1}{2\sqrt{1+a}}$

[3단계]

$\dfrac{1}{2\sqrt{1+a}}=\dfrac{1}{4}$에서 $a=3$

$a=3$을 ㉠에 대입하면 $b=2$

$\therefore\ ab=3\times2=6$

21 [1단계]

$\lim\limits_{x\to-3}\dfrac{x+3}{x^2-ax-b}=-\dfrac{1}{2}$에서 $-\dfrac{1}{2}\neq0$이고

$\lim\limits_{x\to-3}(x+3)=0$이므로

$\lim\limits_{x\to-3}(x^2-ax-b)=9+3a-b=0$

$\therefore\ b=3a+9$ $\qquad\qquad\qquad\qquad$ ...... ㉠

[2단계]

㉠을 주어진 식에 대입하면

$$\lim_{x \to -3} \frac{x+3}{x^2-ax-b} = \lim_{x \to -3} \frac{x+3}{x^2-ax-3a-9}$$
$$= \lim_{x \to -3} \frac{x+3}{(x+3)(x-a-3)}$$
$$= \lim_{x \to -3} \frac{1}{x-a-3}$$
$$= -\frac{1}{a+6}$$

[3단계]

$-\dfrac{1}{a+6} = -\dfrac{1}{2}$에서

$a=-4$

$a=-4$를 ㉠에 대입하면

$b=-3$

$\therefore a-b = -4-(-3) = -1$

22 [1단계]

조건 ㈎의 $\lim\limits_{x \to \infty} \dfrac{f(x)}{x^2} = 2$에서 $f(x)$는 이차항의 계수가 2
인 이차식이어야 한다.

조건 ㈏의 $\lim\limits_{x \to 0} \dfrac{f(x)}{x} = 3$에서 $\lim\limits_{x \to 0} x = 0$이므로

$\lim\limits_{x \to 0} f(x) = f(0) = 0$

따라서 $f(x) = 2x^2 + ax$ (a는 상수)로 놓을 수 있다.

[2단계]

$$\lim_{x \to 0} \frac{f(x)}{x} = \lim_{x \to 0} \frac{x(2x+a)}{x}$$
$$= \lim_{x \to 0} (2x+a) = a$$

$\therefore a=3$

[3단계]

따라서 $f(x) = 2x^2 + 3x$이므로

$f(2) = 14$

참고

인수정리

x에 대한 다항식 $f(x)$가 일차식 $x-a$로 나누어 떨어지면
$f(a)=0$이다. 그 역도 성립한다.

23 $2x^2+1 > 0$이므로 $4x^2-2 \le (2x^2+1)f(x) \le 4x^2+3$의 각
변을 $2x^2+1$로 나누면

$$\frac{4x^2-2}{2x^2+1} \le f(x) \le \frac{4x^2+3}{2x^2+1}$$

이때 $\lim\limits_{x \to \infty} \dfrac{4x^2-2}{2x^2+1} = 2$, $\lim\limits_{x \to \infty} \dfrac{4x^2+3}{2x^2+1} = 2$이므로

$\lim\limits_{x \to \infty} f(x) = 2$

24 (i) $x>0$일 때, 주어진 부등식의 각 변에 x를 곱하면

$$\frac{3x^2+x}{x^2+5} < xf(x) < \frac{3x^2+6x}{x^2+3}$$

이때 $\lim\limits_{x \to \infty} \dfrac{3x^2+x}{x^2+5} = 3$, $\lim\limits_{x \to \infty} \dfrac{3x^2+6x}{x^2+3} = 3$이므로

$\lim\limits_{x \to \infty} xf(x) = 3$

(ii) $x<0$일 때, 주어진 부등식의 각 변에 x를 곱하면

$$\frac{3x^2+6x}{x^2+3} < xf(x) < \frac{3x^2+x}{x^2+5}$$

이때 $\lim\limits_{x \to \infty} \dfrac{3x^2+6x}{x^2+3} = 3$, $\lim\limits_{x \to \infty} \dfrac{3x^2+x}{x^2+5} = 3$이므로

$\lim\limits_{x \to \infty} xf(x) = 3$

(i), (ii)에 의하여 $\lim\limits_{x \to \infty} xf(x) = 3$

■ 03 함수의 연속   p. 14

01 ㄱ, ㄷ   **02** (1) 연속 (2) 불연속 (3) 불연속   **03** ④
04 ⑤   **05** $(-\infty, 9) \cup (9, \infty)$ **06** $[4, \infty)$
07 ⑤

01 ㄱ. $\lim\limits_{x \to 0-} f(x) = 0$, $\lim\limits_{x \to 0+} f(x) = 0$이므로 $\lim\limits_{x \to 0} f(x)$의 값
이 존재한다. (참)

ㄴ. $\lim\limits_{x \to -1} f(x) = 1$, $f(-1) = 0$이므로

$\lim\limits_{x \to -1} f(x) \ne f(-1)$

따라서 함수 $f(x)$는 $x=-1$에서 불연속이다. (거짓)

ㄷ. $\lim\limits_{x \to 1-} f(x) = 1$, $\lim\limits_{x \to 1+} f(x) = -1$

즉, $\lim\limits_{x \to 1-} f(x) \ne \lim\limits_{x \to 1+} f(x)$이므로 $\lim\limits_{x \to 1} f(x)$의 값이
존재하지 않는다.

따라서 함수 $f(x)$는 $x=1$에서 불연속이다. (참)

이상에서 옳은 것은 ㄱ, ㄷ이다.

02 (1) $\lim\limits_{x \to 0} f(x) = -1$, $f(0) = -1$이므로

$\lim\limits_{x \to 0} f(x) = f(0)$

따라서 함수 $f(x)$는 $x=0$에서 연속이다.

(2) 함숫값 $f(0)$이 정의되지 않으므로 함수 $f(x)$는 $x=0$에
서 불연속이다.

(3) $\lim\limits_{x \to 0-} f(x) = \lim\limits_{x \to 0-} [x] = -1$,

$\lim\limits_{x \to 0+} f(x) = \lim\limits_{x \to 0+} [x] = 0$

즉, $\lim\limits_{x \to 0-} f(x) \ne \lim\limits_{x \to 0+} f(x)$이므로 $\lim\limits_{x \to 0} f(x)$의 값이 존
재하지 않는다.

따라서 함수 $f(x)$는 $x=0$에서 불연속이다.

03 함수 $f(x)$가 모든 실수 x에서 연속이려면 $x=-1$에서도 연속이어야 하므로
$$\lim_{x \to -1} f(x) = f(-1)$$
$$\lim_{x \to -1} (x+3) = f(-1)$$
즉, $-1+3=-(-1)+k$이어야 하므로
$$2=1+k$$
$$\therefore k=1$$

04 함수 $f(x)$가 $x=2$에서 연속이려면
$$\lim_{x \to 2} f(x) = f(2)$$
$$\lim_{x \to 2} \frac{x^2-7x+a}{x-2} = b \qquad \cdots\cdots \text{㉠}$$
㉠이 수렴하고 $\lim\limits_{x \to 2}(x-2)=0$이므로
$$\lim_{x \to 2}(x^2-7x+a)=-10+a=0$$
$$\therefore a=10$$
$a=10$을 ㉠에 대입하면
$$\begin{aligned}\lim_{x \to 2}\frac{x^2-7x+a}{x-2} &=\lim_{x \to 2}\frac{x^2-7x+10}{x-2}\\ &=\lim_{x \to 2}\frac{(x-2)(x-5)}{x-2}\\ &=\lim_{x \to 2}(x-5)\\ &=-3=b\end{aligned}$$
$$\therefore a+b=10+(-3)=7$$

05 정의역은 $x \neq 9$인 실수 전체의 집합이므로 구간으로 나타내면 $(-\infty, 9) \cup (9, \infty)$이다.

06 $x-4 \geq 0$에서 $x \geq 4$
즉, 함수 $f(x)$는 $x \geq 4$인 모든 실수에서 연속이다.
따라서 연속인 구간은 $[4, \infty)$이다.

07 함수 $f(x)$가 모든 실수 x에서 연속이려면 $x=-2$에서 연속이어야 하므로
$$\lim_{x \to -2-} f(x) = \lim_{x \to -2+} f(x) = f(-2)$$
$$\lim_{x \to -2-} (x-7) = \lim_{x \to -2+} (x^2+8x+a) = f(-2)$$
$$-2-7=4-16+a$$
$$\therefore a=3$$

■ 04 연속함수의 성질   p. 16

01 (1) $(-\infty, \infty)$ (2) $(-\infty, -1) \cup (-1, \infty)$
02 ㄱ, ㄴ, ㄹ   **03** 최댓값: 없다., 최솟값: -2
04 ③   **05** ⑺ 연속, ⑷ 연속, ⑸ 사잇값의 정리
06 풀이 참조   **07** ③

01 (1) $2f(x)-f(x)g(x)=2(2x^2-1)-(2x^2-1)(x+1)$
$$=-2x^3+2x^2+x-1$$
은 다항함수이므로 모든 실수에서 연속이다.
따라서 연속인 구간은 $(-\infty, \infty)$이다.

(2) $\dfrac{f(x)}{g(x)}=\dfrac{2x^2-1}{x+1}$ 은 유리함수이므로 $x \neq -1$인 모든 실수에서 연속이다.
따라서 연속인 구간은 $(-\infty, -1) \cup (-1, \infty)$이다.

02 ㄱ. $3g(x)$가 $x=a$에서 연속이므로 함수 $f(x)+3g(x)$도 $x=a$에서 연속이다.

ㄴ. $\{g(x)\}^2 = g(x) \times g(x)$이므로 $\{g(x)\}^2$도 $x=a$에서 연속이다.

ㄷ. (반례) $g(a)=0$이면 함수 $\dfrac{1}{2g(x)}$은 $x=a$에서 정의되지 않으므로 함수 $f(x)-\dfrac{1}{2g(x)}$은 $x=a$에서 불연속이다.

ㄹ. 함수 $f(x)g(x)$가 $x=a$에서 연속이므로 함수 $2f(x)g(x)$도 $x=a$에서 연속이다.

따라서 $x=a$에서 항상 연속인 것은 ㄱ, ㄴ, ㄹ이다.

03 닫힌구간 $[-2, 2]$에서 최댓값은 없고 $x=-2$일 때 최솟값은 -2이다.

04 $f(x)=\dfrac{2x}{x-3}=\dfrac{2(x-3)+6}{x-3}$
$$=\dfrac{6}{x-3}+2$$
함수 $f(x)$는 닫힌구간 $[-3, 1]$에서 연속이므로 최대·최소 정리에 의하여 $f(x)$는 닫힌구간 $[-3, 1]$에서 반드시 최댓값과 최솟값을 갖는다.
닫힌구간 $[-3, 1]$에서 함수 $f(x)$의 그래프는 다음 그림과 같다.

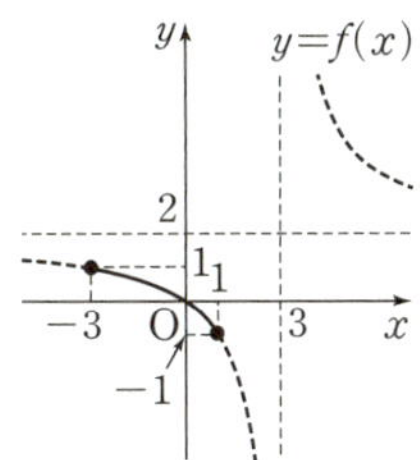

함수 $f(x)$는 $x=-3$일 때 최댓값 1, $x=1$일 때 최솟값 -1을 갖는다.

따라서 $a=1$, $b=-1$이므로

$ab=1\times(-1)=-1$

06 $f(x)=x^2-9x+4$로 놓으면 함수 $f(x)$는 모든 실수 x에서 연속이므로 닫힌구간 $[-1, 1]$에서 연속이고

$f(-1)=14$, $f(1)=-4$

이므로 $f(-1)f(1)<0$

따라서 사잇값의 정리에 의하여 방정식 $x^2-9x+4=0$은 열린구간 $(-1, 1)$에서 적어도 하나의 실근을 갖는다.

07 $f(x)=2x^3+x-5$로 놓으면 함수 $f(x)$는 모든 실수 x에서 연속이고

$f(-1)=-8$, $f(0)=-5$, $f(1)=-2$,

$f(2)=13$, $f(3)=52$, $f(4)=127$

이므로 $f(1)f(2)<0$

따라서 사잇값의 정리에 의하여 방정식 $2x^3+x-5=0$은 열린구간 $(1, 2)$에서 적어도 하나의 실근을 갖는다.

실력 확인 문제

03 04 p. 18

01 ③	02 ②	03 3	04 불연속	05 ②
06 ④	07 ①	08 ②	09 ①	
10 $(-\infty, -4)\cup(-4, 4)\cup(4, \infty)$			11 ③	
12 ②	13 ③	14 $(-\infty, 3)\cup(3, \infty)$		
15 ④	16 ②	17 최댓값: 2, 최솟값: 0		
18 ②	19 ③	20 ④	21 ②	22 ④
23 ①	24 $-1<a<2$			

01 ㄱ. $\lim\limits_{x\to1}f(x)=0$, $f(1)=0$이므로

$\lim\limits_{x\to1}f(x)=f(1)$

따라서 함수 $f(x)$는 $x=1$에서 연속이다.

ㄴ. 함숫값 $f(1)$이 정의되지 않으므로 $x=1$에서 불연속이다.

ㄷ. $\lim\limits_{x\to1}\dfrac{x^2-1}{x-1}=\lim\limits_{x\to1}\dfrac{(x+1)(x-1)}{x-1}$

$\qquad\qquad\quad=\lim\limits_{x\to1}(x+1)=2$

$f(1)=2$

따라서 $\lim\limits_{x\to1}f(x)=f(1)$이므로 함수 $f(x)$는 $x=1$에서 연속이다.

이상에서 $x=1$에서 항상 연속인 것은 ㄱ, ㄷ이다.

02 ①, ③ $\lim\limits_{x\to-1-}f(x)=-1$, $\lim\limits_{x\to-1+}f(x)=1$

즉, $\lim\limits_{x\to-1-}f(x)\neq\lim\limits_{x\to-1+}f(x)$이므로 $\lim\limits_{x\to-1}f(x)$의 값이 존재하지 않는다.

따라서 함수 $f(x)$는 $x=-1$에서 불연속이다.

②, ⑤ $\lim\limits_{x\to1-}f(x)=0$, $\lim\limits_{x\to1+}f(x)=0$

즉, $\lim\limits_{x\to1-}f(x)=\lim\limits_{x\to1+}f(x)$이므로 $\lim\limits_{x\to1}f(x)$의 값이 존재한다. 또한, $f(1)=0$이므로

$\lim\limits_{x\to1}f(x)=f(1)$

따라서 함수 $f(x)$는 $x=1$에서 연속이다.

④ $\lim\limits_{x\to0}f(x)=-1$, $f(0)=0$이므로

$\lim\limits_{x\to0}f(x)\neq f(0)$

따라서 함수 $f(x)$는 $x=0$에서 불연속이다.

03 (i) $\lim\limits_{x\to-2-}f(x)=2$, $\lim\limits_{x\to-2+}f(x)=2$

즉, $\lim\limits_{x\to-2-}f(x)=\lim\limits_{x\to-2+}f(x)=2$이므로 $\lim\limits_{x\to-2}f(x)$의 값이 존재한다. 또한, $f(-2)=0$이므로

$\lim\limits_{x\to-2}f(x)\neq f(-2)$

따라서 함수 $f(x)$는 $x=-2$에서 불연속이다.

(ii) $\lim\limits_{x\to-1-}f(x)=0$, $\lim\limits_{x\to-1+}f(x)=-1$

즉, $\lim\limits_{x\to-1-}f(x)\neq\lim\limits_{x\to-1+}f(x)$이므로 $\lim\limits_{x\to-1}f(x)$의 값이 존재하지 않는다.

따라서 함수 $f(x)$는 $x=-1$에서 불연속이다.

(iii) $\lim\limits_{x\to0-}f(x)=0$, $\lim\limits_{x\to0+}f(x)=0$

즉, $\lim\limits_{x\to0-}f(x)=\lim\limits_{x\to0+}f(x)=0$이므로 $\lim\limits_{x\to0}f(x)$의 값이 존재한다. 또한, $f(0)=-1$이므로

$\lim\limits_{x\to0}f(x)\neq f(0)$

따라서 함수 $f(x)$는 $x=0$에서 불연속이다.

(i), (ii), (iii)에서 불연속인 점은 $x=-2$, $x=-1$, $x=0$일 때의 3개이고 극한값이 존재하지 않는 점은 $x=-1$의 1개이므로

$a=3$, $b=1$

$\therefore ab=3\times1=3$

04 $\lim\limits_{x\to2}f(x)=\lim\limits_{x\to2}\dfrac{x^2+3x-10}{x-2}$

$\qquad\qquad\quad=\lim\limits_{x\to2}\dfrac{(x-2)(x+5)}{x-2}$

$\qquad\qquad\quad=\lim\limits_{x\to2}(x+5)=7$

또한, $f(2)=5$이므로

$\lim\limits_{x\to2}f(x)\neq f(2)$

따라서 함수 $f(x)$는 $x=2$에서 불연속이다.

05 함수 $f(x)$가 모든 실수 x에서 연속이려면 $x=1$에서 연속이어야 하므로
$$\lim_{x\to1}f(x)=f(1)$$
$$\lim_{x\to1}(5x^2-a)=f(1)$$
즉, $5-a=1+a$이어야 하므로
$$a=2$$

06 [1단계]
함수 $f(x)$가 모든 실수 x에서 연속이려면 $x=3$에서 연속이어야 하므로
$$\lim_{x\to3}f(x)=f(3)$$
$$\lim_{x\to3}\frac{x^2-5x+a}{x-3}=b \qquad\qquad \cdots\cdots \text{㉠}$$
[2단계]
㉠이 수렴하고 $\lim\limits_{x\to3}(x-3)=0$이므로
$$\lim_{x\to3}(x^2-5x+a)=9-15+a=0$$
$$\therefore a=6$$
[3단계]
$a=6$을 ㉠에 대입하면
$$\lim_{x\to3}\frac{x^2-5x+a}{x-3}=\lim_{x\to3}\frac{x^2-5x+6}{x-3}$$
$$=\lim_{x\to3}\frac{(x-3)(x-2)}{x-3}$$
$$=\lim_{x\to3}(x-2)$$
$$=1=b$$
[4단계]
$$\therefore a+b=6+1=7$$

07 $x\neq1$이면 $f(x)=\dfrac{\sqrt{x+8}-3}{x-1}$
이때 함수 $f(x)$가 연속함수이므로 $x=1$에서도 연속이다.
따라서 $\lim\limits_{x\to1}f(x)=f(1)$이어야 한다.
$$\therefore f(1)=\lim_{x\to1}\frac{\sqrt{x+8}-3}{x-1}$$
$$=\lim_{x\to1}\frac{(\sqrt{x+8}-3)(\sqrt{x+8}+3)}{(x-1)(\sqrt{x+8}+3)}$$
$$=\lim_{x\to1}\frac{x-1}{(x-1)(\sqrt{x+8}+3)}$$
$$=\lim_{x\to1}\frac{1}{\sqrt{x+8}+3}$$
$$=\frac{1}{\sqrt{9}+3}=\frac{1}{6}$$

08 ㄱ. $(g\circ f)(0)=g(f(0))=g(0)=0$ (참)
ㄴ. $\lim\limits_{x\to0-}g(f(x))=g(-1)=-1$,
  $\lim\limits_{x\to0+}g(f(x))=g(1)=-1$
  따라서 $\lim\limits_{x\to0-}(g\circ f)(x)=\lim\limits_{x\to0+}(g\circ f)(x)$이므로
  $\lim\limits_{x\to0}(g\circ f)(x)$의 값이 존재한다. (참)

ㄷ. ㄱ, ㄴ에서 $\lim\limits_{x\to0}(g\circ f)(x)\neq(g\circ f)(0)$이므로
  $(g\circ f)(x)$는 $x=0$에서 불연속이다. (거짓)
이상에서 옳은 것은 ㄱ, ㄴ이다.

09 [1단계]
$f(x)$가 실수 전체의 집합에서 연속이므로 $x=2$에서도 연속이다.
따라서 $\lim\limits_{x\to2}f(x)=f(2)$이어야 한다.
$x\neq2$일 때, $f(x)=\dfrac{x^2+x+k}{x-2}$이므로
$$\lim_{x\to2}\frac{x^2+x+k}{x-2}=f(2) \qquad\qquad \cdots\cdots \text{㉠}$$
㉠이 수렴하고 $\lim\limits_{x\to2}(x-2)=0$이므로
$$\lim_{x\to2}(x^2+x+k)=6+k=0$$
$$\therefore k=-6$$
[2단계]
$k=-6$을 ㉠에 대입하면
$$f(2)=\lim_{x\to2}\frac{x^2+x-6}{x-2}=\lim_{x\to2}\frac{(x+3)(x-2)}{(x-2)}$$
$$=\lim_{x\to2}(x+3)$$
$$=2+3=5$$

10 $x^2-16\neq0$에서 $x\neq\pm4$
즉, 함수 $f(x)$는 $x\neq\pm4$인 모든 실수에서 연속이다.
따라서 연속인 구간은 $(-\infty,\ -4)\cup(-4,\ 4)\cup(4,\ \infty)$이다.

11 함수 $f(x)$가 $x=4$에서 연속이므로
$$\lim_{x\to4-}f(x)=\lim_{x\to4+}f(x)=f(4)$$
이때
$$\lim_{x\to4-}f(x)=\lim_{x\to4-}(2x+3)=11,$$
$$\lim_{x\to4+}f(x)=\lim_{x\to4+}(ax+1)=4a+1,$$
$$f(4)=4a+1$$
이므로
$$4a+1=11$$
$$\therefore a=\frac{5}{2}$$

12 [1단계]
$f(x)$가 모든 실수 x에서 연속이므로 $x=-1$, $x=1$에서 연속이다.
즉, $\lim\limits_{x\to1-}f(x)=\lim\limits_{x\to1+}f(x)=f(1)$,
  $\lim\limits_{x\to-1-}f(x)=\lim\limits_{x\to-1+}f(x)=f(-1)$
[2단계]
$\lim\limits_{x\to1-}x^2=1$, $\lim\limits_{x\to1+}(ax+b)=a+b$, $f(1)=1$이므로
$$a+b=1 \qquad\qquad \cdots\cdots \text{㉠}$$

$$\lim_{x \to -1-}(ax+b)=-a+b, \quad \lim_{x \to -1+}x^2=1, \quad f(-1)=1$$

이므로 $-a+b=1$ $\qquad\qquad\qquad$ …… ㉡

[3단계]

㉠, ㉡을 연립하여 풀면 $a=0$, $b=1$

$\therefore a-b=0-1=-1$

13 ㄱ. $\displaystyle\lim_{x \to 1+}f(x)=\lim_{x \to 1+}(-x+2)=1$ (참)

ㄴ. $a=0$일 때, 함수 $f(x)$가 $x=1$에서 연속이려면

$\displaystyle\lim_{x \to 1}f(x)=f(1)$이어야 한다.

ㄱ에서 $\displaystyle\lim_{x \to 1+}f(x)=1$이고 $\displaystyle\lim_{x \to 1-}f(x)=0$

따라서 $\displaystyle\lim_{x \to 1-}f(x) \neq \lim_{x \to 1+}f(x)$이므로 함수 $f(x)$는

$x=1$에서 불연속이다. (거짓)

ㄷ. $g(x)=(x-1)f(x)$라고 하면 함수 $g(x)$가 실수 전체

의 집합에서 연속이려면 $x=1$에서 연속이어야 한다.

$\displaystyle\lim_{x \to 1}g(x)=\lim_{x \to 1}(x-1)f(x)=0$, $g(1)=0$이므로

$\displaystyle\lim_{x \to 1}g(x)=g(1)$

따라서 함수 $g(x)$는 $x=1$에서 연속이므로 함수

$y=(x-1)f(x)$는 실수 전체의 집합에서 연속이다.

$\qquad\qquad\qquad\qquad\qquad\qquad\qquad\qquad$ (참)

이상에서 옳은 것은 ㄱ, ㄷ이다.

14 $\dfrac{f(x)}{g(x)}=\dfrac{x+3}{x^2-6x+9}=\dfrac{x+3}{(x-3)^2}$ 은 유리함수이므로 $x \neq 3$

인 모든 실수에서 연속이다. 따라서 연속인 구간은

$(-\infty, 3) \cup (3, \infty)$이다.

15 ① $f(x)+g(x)=x^2+\dfrac{1}{x}+1$은 $x=0$에서 불연속이다.

② $f(x)-g(x)=x^2-\dfrac{1}{x}+1$은 $x=0$에서 불연속이다.

③ $f(x)g(x)=x+\dfrac{1}{x}$은 $x=0$에서 불연속이다.

④ $\dfrac{f(x)}{g(x)}=x^3+x$는 실수 전체의 집합에서 연속이다.

⑤ $\{g(x)+1\}^2=\left(\dfrac{1}{x}+1\right)^2=\dfrac{1}{x^2}+\dfrac{2}{x}+1$은 $x=0$에서 불

연속이다.

16 $\dfrac{f(x)}{g(x)}=\dfrac{x-1}{x^2+x-2}=\dfrac{x-1}{(x+2)(x-1)}$ 은 $x=-2$, $x=1$

에서 정의되지 않으므로 함수 $\dfrac{f(x)}{g(x)}$는 $x=-2$, $x=1$에

서 불연속이다.

따라서 구하는 모든 상수 a의 값의 합은

$-2+1=-1$

17 함수 $f(x)$는 닫힌구간 $[-2, 2]$에서 연속이므로 최대·최

소 정리에 의하여 $f(x)$는 닫힌구간 $[-2, 2]$에서 반드시 최

댓값과 최솟값을 갖는다.

닫힌구간 $[-2, 2]$에서 함수 $f(x)$의 그래프는 다음 그림과

같다.

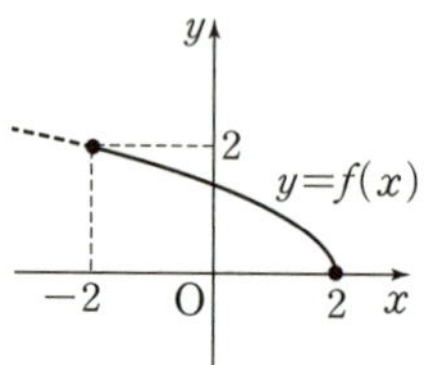

따라서 함수 $f(x)$는 $x=-2$일 때 최댓값 2, $x=2$일 때 최

솟값 0을 갖는다.

18 $f(x)=\dfrac{x+3}{x-1}=\dfrac{(x-1)+4}{x-1}$

$\qquad\quad =\dfrac{4}{x-1}+1$

함수 $f(x)$는 닫힌구간 $[2, 5]$에서 연속이므로 최대·최소

정리에 의하여 $f(x)$는 닫힌구간 $[2, 5]$에서 반드시 최댓값

과 최솟값을 갖는다.

닫힌구간 $[2, 5]$에서 함수 $f(x)$의 그래프는 다음 그림과 같

다.

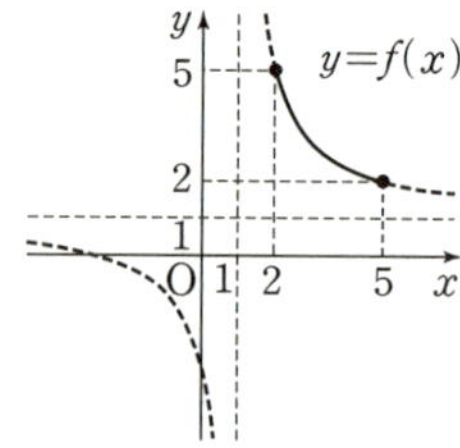

함수 $f(x)$는 $x=2$일 때 최댓값 5, $x=5$일 때 최솟값 2를

갖는다.

따라서 $M=5$, $m=2$이므로

$M-m=5-2=3$

19 $x \neq 1$일 때

$f(x)=\dfrac{x^3+x^2-4x-4}{x+1}$

$\qquad\quad =\dfrac{(x+1)(x+2)(x-2)}{x+1}$

$\qquad\quad =(x+2)(x-2)$

$\qquad\quad =x^2-4$

이때 $f(-1)=-3$이고,

$\displaystyle\lim_{x \to -1}f(x)=\lim_{x \to -1}(x^2-4)=-3$이므로

$\displaystyle\lim_{x \to -1}f(x)=f(-1)$

즉, 함수 $f(x)$가 $x=-1$에서 연속이므로 닫힌구간 $[-2, 3]$에서 연속이다. 따라서 최대·최소 정리에 의하여 $f(x)$는 닫힌구간 $[-2, 3]$에서 반드시 최댓값과 최솟값을 갖는다.

닫힌구간 $[-2, 3]$에서 함수 $f(x)$의 그래프는 다음 그림과 같다.

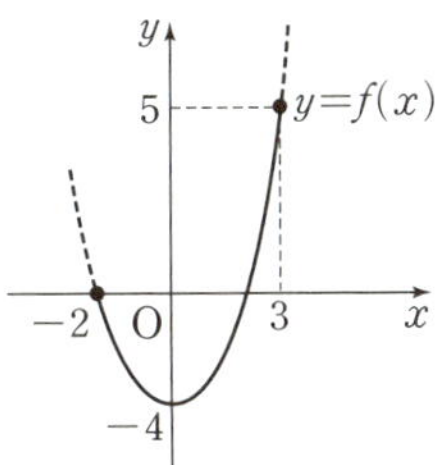

함수 $f(x)$는 $x=3$일 때 최댓값 5, $x=0$일 때 최솟값 -4를 갖는다.

따라서 최댓값과 최솟값의 합은

$5+(-4)=1$

20 ㄱ. 주어진 그래프가 $x=-1$, $x=1$에서 끊어져 있으므로 불연속이 되는 점은 $x=-1$, $x=1$일 때의 2개이다.

(참)

ㄴ. $x=1$에서 불연속이므로 닫힌구간 $[0, 2]$에서 최솟값을 갖지 않는다. (거짓)

ㄷ. 닫힌구간 $[2, 4]$에서 $x=3$일 때 최댓값 1을 갖는다.

(참)

따라서 옳은 것은 ㄱ, ㄷ이다.

21 $f(0)f(1)<0$, $f(1)f(2)<0$

이므로 사잇값의 정리에 의하여 방정식 $f(x)=0$은 열린구간 $(0, 1)$, $(1, 2)$에서 각각 적어도 하나의 실근을 갖는다. 따라서 방정식 $f(x)=0$은 열린구간 $(-2, 2)$에서 적어도 2개의 실근을 갖는다.

22 [1단계]

$f(x)=x^3+3x-3$으로 놓으면 함수 $f(x)$는 모든 실수 x에서 연속이고

$f(-2)=-17$, $f(-1)=-7$, $f(0)=-3$

$f\left(\dfrac{1}{2}\right)=-\dfrac{11}{8}$, $f(1)=1$, $f(2)=11$

[2단계]

즉, $f\left(\dfrac{1}{2}\right)f(1)<0$이므로 사잇값의 정리에 의하여 방정식 $f(x)=0$은 열린구간 $\left(\dfrac{1}{2}, 1\right)$에서 적어도 하나의 실근을 갖는다. 따라서 a는 열린구간 $\left(\dfrac{1}{2}, 1\right)$에 속한다.

23 $f(x)=x^2+kx-5$로 놓으면 함수 $f(x)$는 모든 실수 x에서 연속이므로 $f(-1)f(3)<0$일 때 사잇값의 정리에 의하여 방정식 $f(x)=0$은 열린구간 $(-1, 3)$에서 적어도 하나의 실근을 갖는다.

$f(-1)=-k-4$, $f(3)=3k+4$이므로

$f(-1)f(3)<0$에서

$(-k-4)(3k+4)<0$

$(k+4)(3k+4)>0$

$\therefore k<-4$ 또는 $k>-\dfrac{4}{3}$

따라서 이 범위에 속하지 않는 k의 값은 ①이다.

24 $g(x)=f(x)+x^2$으로 놓으면 함수 $g(x)$는 연속함수이므로 $g(1)g(2)<0$일 때 사잇값의 정리에 의하여 방정식 $g(x)=0$은 1과 2 사이에서 적어도 하나의 실근을 갖는다.

$g(1)=f(1)+1=a+1$,

$g(2)=f(2)+4=(a-6)+4=a-2$

이므로

$g(1)g(2)<0$에서

$(a+1)(a-2)<0$

$\therefore -1<a<2$

■ 05 평균변화율과 미분계수   p. 22

01 ①   **02** ④   **03** ④   **04** ⑤   **05** ④

06 -8 **07** ⑤   **08** ①

01 $\dfrac{\Delta y}{\Delta x}=\dfrac{f(2)-f(-1)}{2-(-1)}=\dfrac{-2-7}{3}=-3$

02 $\begin{aligned} f'(-3)&=\lim_{x\to-3}\dfrac{f(x)-f(-3)}{x-(-3)}\\ &=\lim_{x\to-3}\dfrac{(-x^3+x-4)-20}{x+3}\\ &=\lim_{x\to-3}\dfrac{(x+3)(-x^2+3x-8)}{x+3}\\ &=\lim_{x\to-3}(-x^2+3x-8)\\ &=-26 \end{aligned}$

03   점 $(1, 2)$에서의 접선의 기울기는 $f'(1)$과 같으므로

$\begin{aligned} f'(1)&=\lim_{h\to0}\dfrac{f(1+h)-f(1)}{h}\\ &=\lim_{h\to0}\dfrac{\{3(1+h)^3-(1+h)^2\}-2}{h}\\ &=\lim_{h\to0}\dfrac{3h^3+8h^2+7h}{h}\\ &=\lim_{h\to0}(3h^2+8h+7)\\ &=7 \end{aligned}$

04 x의 값이 1에서 2까지 변할 때의 평균변화율은

$\dfrac{\Delta y}{\Delta x}=\dfrac{f(2)-f(1)}{2-1}=\dfrac{11-5}{1}=6$

$x=a$에서의 미분계수는

$\begin{aligned} f'(a)&=\lim_{h\to0}\dfrac{f(a+h)-f(a)}{h}\\ &=\lim_{h\to0}\dfrac{\{(a+h)^2+3(a+h)+1\}-(a^2+3a+1)}{h}\\ &=\lim_{h\to0}\dfrac{h^2+2ah+3h}{h}\\ &=\lim_{h\to0}(h+2a+3)\\ &=2a+3 \end{aligned}$

따라서 $2a+3=6$이므로

$a=\dfrac{3}{2}$

05 $\lim_{h\to0}\dfrac{f(a+2h)-f(a)}{h}=\lim_{h\to0}\dfrac{f(a+2h)-f(a)}{2h}\times2$

$\qquad\qquad\qquad\qquad\qquad =2f'(a)$

06 $\begin{aligned} &\lim_{h\to0}\dfrac{f(1+3h)-f(1-h)}{h}\\ &=\lim_{h\to0}\dfrac{f(1+3h)-f(1)+f(1)-f(1-h)}{h}\\ &=\lim_{h\to0}\left\{\dfrac{f(1+3h)-f(1)}{3h}\times3+\dfrac{f(1-h)-f(1)}{-h}\right\}\\ &=3f'(1)+f'(1)=4f'(1)\\ &=4\times(-2)=-8 \end{aligned}$

07 $\begin{aligned} \lim_{x\to2}\dfrac{f(x)-f(2)}{x^2-4}&=\lim_{x\to2}\left\{\dfrac{f(x)-f(2)}{x-2}\times\dfrac{1}{x+2}\right\}\\ &=\dfrac{1}{4}f'(2)\\ &=\dfrac{1}{4}\times12=3 \end{aligned}$

08 $\begin{aligned} &\lim_{x\to1}\dfrac{x^2f(1)-f(x)}{x-1}\\ &=\lim_{x\to1}\dfrac{x^2f(1)-f(1)+f(1)-f(x)}{x-1}\\ &=\lim_{x\to1}\dfrac{f(1)(x^2-1)-\{f(x)-f(1)\}}{x-1}\\ &=\lim_{x\to1}\left\{f(1)(x+1)-\dfrac{f(x)-f(1)}{x-1}\right\}\\ &=2f(1)-f'(1)\\ &=2\times3-5=1 \end{aligned}$

■ 06 미분가능성과 연속성   p. 24

01 ㈎ 0   ㈏ 연속   ㈐ 1   ㈑ -1 ㈒ 미분가능

02 (1) 연속이다.   (2) 미분가능하다.

03 (1) 연속이지만 미분가능하지 않다.

     (2) 연속이지만 미분가능하지 않다.

04 ④   **05** 7   **06** ③

02   (1) $\lim_{x\to0-}f(x)=\lim_{x\to0-}x^2=0,$

$\qquad \lim_{x\to0+}f(x)=\lim_{x\to0+}x^3=0,$

$\qquad f(0)=0$이므로

$\qquad \lim_{x\to0}f(x)=f(0)$

따라서 함수 $f(x)$는 $x=0$에서 연속이다.

(2) $\lim_{x\to0-}\dfrac{f(x)-f(0)}{x-0}=\lim_{x\to0-}\dfrac{x^2}{x}=\lim_{x\to0-}x=0,$

$\qquad \lim_{x\to0+}\dfrac{f(x)-f(0)}{x-0}=\lim_{x\to0+}\dfrac{x^3}{x}=\lim_{x\to0+}x^2=0$

이므로 $f'(0)=\lim_{x\to0}\dfrac{f(x)-f(0)}{x-0}$이 존재한다.

따라서 함수 $f(x)$는 $x=0$에서 미분가능하다.

03 (1) (i) $\displaystyle\lim_{x\to 1-}f(x)=\lim_{x\to 1-}|x^2-1|=\lim_{x\to 1-}(-x^2+1)=0$,

$\displaystyle\lim_{x\to 1+}f(x)=\lim_{x\to 1+}|x^2-1|=\lim_{x\to 1+}(x^2-1)=0$,

$f(1)=0$이므로

$\displaystyle\lim_{x\to 1}f(x)=f(1)$

따라서 함수 $f(x)$는 $x=1$에서 연속이다.

(ii) $\displaystyle\lim_{x\to 1-}\frac{f(x)-f(1)}{x-1}=\lim_{x\to 1-}\frac{-(x^2-1)-0}{x-1}$

$\displaystyle\qquad=\lim_{x\to 1-}\frac{-(x+1)(x-1)}{x-1}$

$\displaystyle\qquad=\lim_{x\to 1-}\{-(x+1)\}=-2$,

$\displaystyle\lim_{x\to 1+}\frac{f(x)-f(1)}{x-1}=\lim_{x\to 1+}\frac{(x^2-1)-0}{x-1}$

$\displaystyle\qquad=\lim_{x\to 1+}\frac{(x+1)(x-1)}{x-1}$

$\displaystyle\qquad=\lim_{x\to 1+}(x+1)=2$

이므로 $f'(1)=\displaystyle\lim_{x\to 1}\frac{f(x)-f(1)}{x-1}$이 존재하지 않는

다. 따라서 함수 $f(x)$는 $x=1$에서 미분가능하지 않

다.

(i), (ii)에 의하여 함수 $f(x)$는 $x=1$에서 연속이지만 미

분가능하지 않다.

(2) (i) $\displaystyle\lim_{x\to 1-}f(x)=\lim_{x\to 1-}(x^2-2)=-1$,

$\displaystyle\lim_{x\to 1+}f(x)=\lim_{x\to 1+}(2x^2+x-4)=-1$,

$f(1)=-1$이므로

$\displaystyle\lim_{x\to 1}f(x)=f(1)$

따라서 함수 $f(x)$는 $x=1$에서 연속이다.

(ii) $\displaystyle\lim_{x\to 1-}\frac{f(x)-f(1)}{x-1}=\lim_{x\to 1-}\frac{(x^2-2)-(-1)}{x-1}$

$\displaystyle\qquad=\lim_{x\to 1-}\frac{x^2-1}{x-1}$

$\displaystyle\qquad=\lim_{x\to 1-}\frac{(x+1)(x-1)}{x-1}$

$\displaystyle\qquad=\lim_{x\to 1-}(x+1)$

$\displaystyle\qquad=2$

$\displaystyle\lim_{x\to 1+}\frac{f(x)-f(1)}{x-1}=\lim_{x\to 1+}\frac{(2x^2+x-4)-(-1)}{x-1}$

$\displaystyle\qquad=\lim_{x\to 1+}\frac{2x^2+x-3}{x-1}$

$\displaystyle\qquad=\lim_{x\to 1+}\frac{(x-1)(2x+3)}{x-1}$

$\displaystyle\qquad=\lim_{x\to 1+}(2x+3)$

$\displaystyle\qquad=5$

이므로 $f'(1)=\displaystyle\lim_{x\to 1}\frac{f(x)-f(1)}{x-1}$이 존재하지 않는

다. 따라서 함수 $f(x)$는 $x=1$에서 미분가능하지 않

다.

(i), (ii)에 의하여 $f(x)$는 $x=1$에서 연속이지만 미분가

능하지 않다.

04 ①, ③ $x=a$에서 연속이지만 $f'(a)$가 존재하지 않으므로

미분가능하지 않다.

②, ⑤ $x=a$에서 불연속이므로 미분가능하지 않다.

④ $f'(a)=0$이므로 미분가능하다.

05 열린구간 (a,e)에서 함수 $f(x)$가

불연속인 점은 $x=b$, $x=c$일 때의 2개이므로

$m=2$

미분가능하지 않은 점은 $x=b$, $x=c$, $x=d$의 3개이므로

$n=3$

$\therefore 2m+n=2\times 2+3=7$

06 ㄴ. $x=1$에서 연속이 아니므로 $x=1$에서 미분가능하지

않다. (거짓)

ㄹ. $f'(3)$의 값이 존재하지 않으므로 $f(x)$는 $x=3$에서 미

분가능하지 않다. (거짓)

이상에서 옳은 것은 ㄱ, ㄷ이다.

■ 07 도함수　　　　　　　　p. 26

01 (1) $y'=0$　(2) $y'=6x^5$　(3) $y'=-2$

(4) $y'=3x^2+4x-5$

02 (1) $y'=9x^2+6x-4$　(2) $y'=4x^3+18x^2-4x-12$

(3) $y'=6(2x-5)^2$　(4) $y'=3x^2-14x+15$

03 -5　**04** ⑤　**05** -27　**06** ⑤　**07** ②

08 $13x-18$

02 (1) $y'=(x+1)'(3x^2-4)+(x+1)(3x^2-4)'$

$\qquad=1\times(3x^2-4)+(x+1)\times 6x$

$\qquad=9x^2+6x-4$

(2) $y'=(x)'(x^2-2)(x+6)+x(x^2-2)'(x+6)$

$\qquad\qquad\qquad\qquad+x(x^2-2)(x+6)'$

$\qquad=1\times(x^2-2)(x+6)+x\times 2x\times(x+6)$

$\qquad\qquad\qquad\qquad+x(x^2-2)\times 1$

$\qquad=4x^3+18x^2-4x-12$

(3) $y'=3(2x-5)^2(2x-5)'$

$\qquad=3(2x-5)^2\times 2=6(2x-5)^2$

(4) $y'=\{(3-x)^2\}'(x-1)+(3-x)^2(x-1)'$

$\qquad=2(3-x)\times(-1)\times(x-1)+(3-x)^2\times 1$

$\qquad=3x^2-14x+15$

03 $f'(x)=x^3+x^2+x+1$이므로 $x=-2$에서의 미분계수는

$f'(-2)=-8+4-2+1=-5$

04 $f'(x)=(x^3+3)'(x^2-x)+(x^3+3)(x^2-x)'$
$\quad\quad\ =3x^2(x^2-x)+(x^3+3)(2x-1)$
$\quad\quad\ =5x^4-4x^3+6x-3$
$\therefore f'(1)=4$

05 $\displaystyle\lim_{h\to 0}\frac{f(3+h)-f(3-2h)}{h}$

$\displaystyle =\lim_{h\to 0}\frac{f(3+h)-f(3)+f(3)-f(3-2h)}{h}$

$\displaystyle =\lim_{h\to 0}\left\{\frac{f(3+h)-f(3)}{h}+\frac{f(3-2h)-f(3)}{-h}\right\}$

$\displaystyle =\lim_{h\to 0}\left\{\frac{f(3+h)-f(3)}{h}+\frac{f(3-2h)-f(3)}{-2h}\times 2\right\}$

$=f'(3)+2f'(3)$

$=3f'(3)$

이때 $f'(x)=-4x+3$이므로

$f'(3)=-9$

$\therefore 3f'(3)=3\times(-9)=-27$

06 $\displaystyle\lim_{x\to -1}\frac{f(x)-f(-1)}{x+1}=3$에서

$f'(-1)=3$

$\displaystyle\lim_{x\to 2}\frac{f(x)-f(2)}{x-2}=-6$에서

$f'(2)=-6$

$f(x)=x^3+ax^2+bx$에서 $f'(x)=3x^2+2ax+b$

$f'(-1)=3-2a+b=3$

$\therefore 2a-b=0$ $\quad\quad\quad\quad\quad\quad\ \cdots\cdots\ \bigcirc$

$f'(2)=12+4a+b=-6$

$\therefore 4a+b=-18$ $\quad\quad\quad\quad\quad\ \cdots\cdots\ \bigcirc\!\!\bigcirc$

$\bigcirc$, $\bigcirc\!\!\bigcirc$을 연립하여 풀면

$a=-3,\ b=-6$

$\therefore ab=-3\times(-6)=18$

07 (ⅰ) $f(x)$가 $x=2$에서 연속이므로

$\quad\quad\displaystyle\lim_{x\to 2-}(x^3-ax)=\lim_{x\to 2+}(bx^2+2x+4)=f(2)$

$\quad\quad 8-2a=4b+4+4$

$\quad\quad\therefore a+2b=0$ $\quad\quad\quad\quad\quad\ \cdots\cdots\ \bigcirc$

(ⅱ) $f'(x)=\begin{cases}3x^2-a & (x<2)\\ 2bx+2 & (x>2)\end{cases}$

$\quad\quad f'(2)$가 존재하므로

$\quad\quad\displaystyle\lim_{x\to 2-}(3x^2-a)=\lim_{x\to 2+}(2bx+2)$

$\quad\quad 12-a=4b+2$

$\quad\quad\therefore a+4b=10$ $\quad\quad\quad\quad\quad\ \cdots\cdots\ \bigcirc\!\!\bigcirc$

$\bigcirc$, $\bigcirc\!\!\bigcirc$을 연립하여 풀면 $a=-10,\ b=5$

$\therefore a+b=-10+5=-5$

08 x^5+4x^2-10을 $(x-1)^2$으로 나눈 몫을 $Q(x)$, 나머지를 $ax+b$ ($a,\ b$는 상수)라고 하면

$x^5+4x^2-10=(x-1)^2Q(x)+ax+b$ $\quad\cdots\cdots\ \bigcirc$

$\bigcirc$의 양변에 $x=1$을 대입하면 $a+b=-5$ $\quad\cdots\cdots\ \bigcirc\!\!\bigcirc$

$\bigcirc$의 양변을 x에 대하여 미분하면

$5x^4+8x=2(x-1)Q(x)+(x-1)^2Q'(x)+a$

이 식의 양변에 $x=1$을 대입하면 $a=13$

$a=13$을 $\bigcirc\!\!\bigcirc$에 대입하면 $b=-18$

따라서 구하는 나머지는 $13x-18$이다.

실력 확인 문제   05 06 07   p. 28

01 ②	**02** ④	**03** -3	**04** ④	**05** ㄷ
06 ③	**07** ①	**08** ②	**09** ①	**10** 2
11 ㄷ, ㄹ	**12** ④	**13** ⑤	**14** ①	**15** ④
16 ④	**17** ③	**18** ①	**19** ②	**20** ③
21 16	**22** ②	**23** 36	**24** ①	

01 함수 $f(x)$의 x의 값이 a에서 $a+1$까지 변할 때의 평균변화율은

$\dfrac{\Delta y}{\Delta x}=\dfrac{f(a+1)-f(a)}{(a+1)-a}$

$\quad\quad =\dfrac{\{(a+1)^2-2(a+1)\}-(a^2-2a)}{1}$

$\quad\quad =2a-1=-5$

$\therefore a=-2$

02 함수 $f(x)$의 닫힌구간 $[-1,\ 1]$에서의 평균변화율은 두 점 A, B를 지나는 직선의 기울기와 같으므로

$\dfrac{\Delta y}{\Delta x}=\dfrac{f(1)-f(-1)}{1-(-1)}=\dfrac{3-(-1)}{2}=2$

따라서 직선 AB의 기울기는 2이다.

03 [1단계]

직선 AB의 기울기는 함수 $f(x)$의 닫힌구간 $[1,\ 2]$에서의 평균변화율과 같으므로

$\dfrac{\Delta y}{\Delta x}=\dfrac{f(2)-f(1)}{2-1}=3$

$\therefore f(2)-f(1)=3$

[2단계]

주어진 이차함수 $y=f(x)$의 그래프는 $x=1$을 기준으로 좌우대칭이므로

$f(0)=f(2)$

[3단계]

따라서 x의 값이 0에서 1까지 변할 때의 평균변화율은

$$\frac{\Delta y}{\Delta x}=\frac{f(1)-f(0)}{1-0}=f(1)-f(2)$$

$$=-\{f(2)-f(1)\}=-3$$

04 [1단계]

함수 $f(x)$의 닫힌구간 $[1,\ 4]$에서의 평균변화율은

$$\frac{\Delta y}{\Delta x}=\frac{f(4)-f(1)}{4-1}=\frac{(16+4a+b)-(1+a+b)}{3}$$

$$=\frac{15+3a}{3}=5+a=2$$

$$\therefore a=-3$$

[2단계]

따라서 함수 $f(x)=x^2-3x+b$의 $x=4$에서의 미분계수는

$$f'(4)=\lim_{h\to 0}\frac{f(4+h)-f(4)}{h}$$

$$=\lim_{h\to 0}\frac{\{(4+h)^2-3(4+h)+b\}-(16-12+b)}{h}$$

$$=\lim_{h\to 0}\frac{h^2+5h}{h}$$

$$=\lim_{h\to 0}(h+5)=5$$

05 ㄱ. $\dfrac{f(a)}{a}$ 는 원점과 점 $(a,\ f(a))$를 잇는 직선의 기울기이고, $\dfrac{f(b)}{b}$ 는 원점과 점 $(b,\ f(b))$를 잇는 직선의 기울기이므로

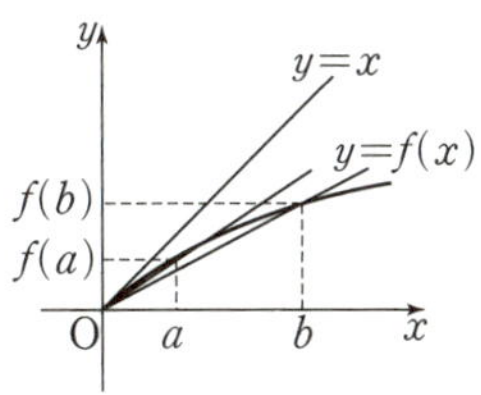

$$\frac{f(a)}{a}>\frac{f(b)}{b} \text{ (거짓)}$$

ㄴ. $\mathrm{A}(a,\ f(a))$, $\mathrm{B}(b,\ f(b))$일 때, 직선 AB의 기울기는 1보다 작으므로

$$\frac{f(b)-f(a)}{b-a}<1$$

이때 $b-a>0$이므로

$$f(b)-f(a)<b-a \text{ (거짓)}$$

ㄷ. $f'(a), f'(b)$는 각각 점 $(a,\ f(a))$, $(b,\ f(b))$에서의 접선의 기울기이고, 점 $(a,\ f(a))$에서의 접선의 기울기가 점 $(b,\ f(b))$에서의 접선의 기울기보다 크므로

$$f'(a)>f'(b) \text{ (참)}$$

이상에서 옳은 것은 ㄷ이다.

06 $\displaystyle\lim_{h\to 0}\frac{f(3+2h)-f(3)}{-h}=\lim_{h\to 0}\frac{f(3+2h)-f(3)}{2h}\times(-2)$

$$=-2f'(3)$$

$$=-2\times(-5)=10$$

07 $\displaystyle\lim_{x\to 1}\frac{f(\sqrt{x})-f(1)}{x^2-1}$

$$=\lim_{x\to 1}\frac{f(\sqrt{x})-f(1)}{(x+1)(\sqrt{x}+1)(\sqrt{x}-1)}$$

$$=\lim_{x\to 1}\left\{\frac{f(\sqrt{x})-f(1)}{\sqrt{x}-1}\times\frac{1}{(x+1)(\sqrt{x}+1)}\right\}$$

$$=\frac{1}{4}f'(1)$$

08 $\displaystyle\lim_{x\to 2}\frac{xf(2)-2f(x)}{x-2}$

$$=\lim_{x\to 2}\frac{xf(2)-2f(2)+2f(2)-2f(x)}{x-2}$$

$$=\lim_{x\to 2}\frac{f(2)(x-2)-2\{f(x)-f(2)\}}{x-2}$$

$$=\lim_{x\to 2}\left\{f(2)-2\times\frac{f(x)-f(2)}{x-2}\right\}$$

$$=f(2)-2f'(2)$$

$$=-4-2\times 5=-14$$

09 [1단계]

$\displaystyle\lim_{x\to 1}\frac{f(x)-2}{x^2-1}=3$에서 극한값이 존재하고

$\displaystyle\lim_{x\to 1}(x^2-1)=0$이므로

$$\lim_{x\to 1}\{f(x)-2\}=0$$

$$\therefore f(1)=2$$

[2단계]

$\displaystyle\lim_{x\to 1}\frac{f(x)-2}{x^2-1}=\lim_{x\to 1}\frac{f(x)-f(1)}{(x+1)(x-1)}$

$$=\lim_{x\to 1}\left\{\frac{f(x)-f(1)}{x-1}\times\frac{1}{x+1}\right\}$$

$$=\frac{1}{2}f'(1)=3$$

$$\therefore f'(1)=6$$

[3단계]

$$\therefore \frac{f'(1)}{f(1)}=\frac{6}{2}=3$$

10 [1단계]

$f(x+y)=f(x)+f(y)-1$의 양변에 $x=0,\ y=0$을 대입하면

$$f(0)=f(0)+f(0)-1$$

$$\therefore f(0)=1$$

[2단계]

$$f'(2)=\lim_{h\to 0}\frac{f(2+h)-f(2)}{h}$$

$$=\lim_{h\to 0}\frac{\{f(2)+f(h)-1\}-f(2)}{h}$$

$$=\lim_{h\to 0}\frac{f(h)-1}{h}=1 \qquad \cdots\cdots ㉠$$

[3단계]

$$f'(1)=\lim_{h\to 0}\frac{f(1+h)-f(1)}{h}$$
$$=\lim_{h\to 0}\frac{\{f(1)+f(h)-1\}-f(1)}{h}$$
$$=\lim_{h\to 0}\frac{f(h)-1}{h}=1\ (\because \bigcirc)$$

[4단계]

$$\therefore f(0)+f'(1)=1+1=2$$

11 ㄱ. $\displaystyle\lim_{x\to 0-}f(x)=\lim_{x\to 0-}\frac{|x|}{x}=\lim_{x\to 0-}\frac{-x}{x}=-1$

$\displaystyle\lim_{x\to 0+}f(x)=\lim_{x\to 0+}\frac{|x|}{x}=\lim_{x\to 0+}\frac{x}{x}=1$

이므로 함수 $f(x)$는 $x=0$에서 불연속이다.

ㄴ. (i) $\displaystyle\lim_{x\to 0-}f(x)=\lim_{x\to 0-}x|x|=\lim_{x\to 0-}-x^2=0$,

$\displaystyle\lim_{x\to 0+}f(x)=\lim_{x\to 0+}x|x|=\lim_{x\to 0+}x^2=0$,

$f(0)=0$이므로

$\displaystyle\lim_{x\to 0}f(x)=f(0)$

따라서 함수 $f(x)$는 $x=0$에서 연속이다.

(ii) $\displaystyle\lim_{x\to 0-}\frac{f(x)-f(0)}{x-0}=\lim_{x\to 0-}\frac{x|x|}{x}=\lim_{x\to 0-}\frac{-x^2}{x}$
$$=\lim_{x\to 0-}(-x)=0,$$

$\displaystyle\lim_{x\to 0+}\frac{f(x)-f(0)}{x-0}=\lim_{x\to 0+}\frac{x|x|}{x}=\lim_{x\to 0+}\frac{x^2}{x}$
$$=\lim_{x\to 0+}x=0$$

이므로 $\displaystyle f'(0)=\lim_{x\to 0}\frac{f(x)-f(0)}{x-0}$이 존재한다. 즉,

함수 $f(x)$는 $x=0$에서 미분가능하다.

(i), (ii)에 의하여 함수 $f(x)$는 $x=0$에서 연속이고 미분가능하다.

ㄷ. $f(x)=\sqrt{x^2}=|x|$

(i) $\displaystyle\lim_{x\to 0-}f(x)=\lim_{x\to 0-}|x|=\lim_{x\to 0-}(-x)=0$,

$\displaystyle\lim_{x\to 0+}f(x)=\lim_{x\to 0+}|x|=\lim_{x\to 0+}x=0$,

$f(0)=0$이므로

$\displaystyle\lim_{x\to 0}f(x)=f(0)$

따라서 함수 $f(x)$는 $x=0$에서 연속이다.

(ii) $\displaystyle\lim_{x\to 0-}\frac{f(x)-f(0)}{x-0}=\lim_{x\to 0-}\frac{|x|}{x}$
$$=\lim_{x\to 0-}\frac{-x}{x}=-1,$$

$\displaystyle\lim_{x\to 0+}\frac{f(x)-f(0)}{x-0}=\lim_{x\to 0+}\frac{|x|}{x}$
$$=\lim_{x\to 0+}\frac{x}{x}=1$$

이므로 $\displaystyle f'(0)=\lim_{x\to 0}\frac{f(x)-f(0)}{x-0}$이 존재하지 않는

다. 즉, 함수 $f(x)$는 $x=0$에서 미분가능하지 않다.

(i), (ii)에 의하여 함수 $f(x)$는 $x=0$에서 연속이고 미분가능하지 않다.

ㄹ. (i) $\displaystyle\lim_{x\to 0-}f(x)=\lim_{x\to 0-}(|x|-x)=\lim_{x\to 0-}(-2x)=0$,

$\displaystyle\lim_{x\to 0+}f(x)=\lim_{x\to 0+}(|x|-x)=\lim_{x\to 0+}0=0$,

$f(0)=0$이므로

$\displaystyle\lim_{x\to 0}f(x)=f(0)$

따라서 함수 $f(x)$는 $x=0$에서 연속이다.

(ii) $\displaystyle\lim_{x\to 0-}\frac{f(x)-f(0)}{x-0}=\lim_{x\to 0-}\frac{|x|-x}{x}$
$$=\lim_{x\to 0-}\frac{-2x}{x}$$
$$=\lim_{x\to 0-}(-2)=-2,$$

$\displaystyle\lim_{x\to 0+}\frac{f(x)-f(0)}{x-0}=\lim_{x\to 0+}\frac{|x|-x}{x}$
$$=\lim_{x\to 0+}0=0$$

이므로 $\displaystyle f'(0)=\lim_{x\to 0}\frac{f(x)-f(0)}{x-0}$이 존재하지 않는

다. 즉, 함수 $f(x)$는 $x=0$에서 미분가능하지 않다.

(i), (ii)에 의하여 함수 $f(x)$는 $x=0$에서 연속이고 미분가능하지 않다.

ㅁ. (i) $\displaystyle\lim_{x\to 0-}f(x)=\lim_{x\to 0-}0=0$,

$\displaystyle\lim_{x\to 0+}f(x)=\lim_{x\to 0+}x^2=0$,

$f(0)=0$이므로

$\displaystyle\lim_{x\to 0}f(x)=f(0)$

따라서 함수 $f(x)$는 $x=0$에서 연속이다.

(ii) $\displaystyle\lim_{x\to 0-}\frac{f(x)-f(0)}{x-0}=\lim_{x\to 0-}0=0$,

$\displaystyle\lim_{x\to 0+}\frac{f(x)-f(0)}{x-0}=\lim_{x\to 0+}\frac{x^2}{x}=\lim_{x\to 0+}x=0$

이므로 $\displaystyle f'(0)=\lim_{x\to 0}\frac{f(x)-f(0)}{x-0}$이 존재한다. 즉,

함수 $f(x)$는 $x=0$에서 미분가능하다.

(i), (ii)에 의하여 함수 $f(x)$는 $x=0$에서 연속이고 미분가능하다.

이상에서 $x=0$에서 연속이지만 미분가능하지 않은 함수는 ㄷ, ㄹ이다.

12 ① 불연속인 점은 $x=d$, $x=e$일 때의 2개이다.

② $\displaystyle\lim_{x\to d+}f(x)=\lim_{x\to d-}f(x)$이므로 $\displaystyle\lim_{x\to d}f(x)$의 값이 존재한다.

③ $f'(x)=0$인 점, 즉 기울기가 0인 점은 $a<x<c$, $c<x<d$, $d<x<e$에서 존재하고, $e<x<b$에서 함수 $f(x)$는 상수함수이므로 $f'(x)=0$이다.

④ 미분가능하지 않은 점은 $x=c$, $x=d$, $x=e$일 때의 3개이다.

⑤ 연속이지만 미분가능하지 않은 점은 $x=c$일 때의 1개이다.

13 $f(x)=-3x^2+ax-6$에서 $f'(x)=-6x+a$

$f'(2)=-12+a=-7$이므로 $a=5$

14 $\displaystyle\lim_{h\to 0}\frac{f(1+h)-f(1)}{2h}=\lim_{h\to 0}\frac{f(1+h)-f(1)}{h}\times\frac{1}{2}$

$\qquad\qquad\qquad\qquad\quad =\frac{1}{2}f'(1)=6$

$\therefore f'(1)=12$

이때 $f'(x)=2x+a$이므로

$f'(1)=2+a=12$

$\therefore a=10$

15 $f(1)=1+3-1=3$이므로

$\displaystyle\lim_{x\to 1}\frac{f(x)-3}{x-1}=\lim_{x\to 1}\frac{f(x)-f(1)}{x-1}=f'(1)$

$f(x)=x^3+3x^2-1$에서 $f'(x)=3x^2+6x$

$\therefore f'(1)=3+6=9$

16 $\displaystyle\lim_{x\to -1}\frac{f(x)}{x+1}=3$에서 극한값이 존재하고

$\displaystyle\lim_{x\to -1}(x+1)=0$이므로

$\displaystyle\lim_{x\to -1}f(x)=0 \qquad \therefore f(-1)=0$

$\displaystyle\lim_{x\to -1}\frac{f(x)}{x+1}=\lim_{x\to -1}\frac{f(x)-f(-1)}{x-(-1)}=f'(-1)=3$

$f(x)=x^2+ax+b$에서 $f'(x)=2x+a$

$f(-1)=1-a+b=0$

$\therefore a-b=1 \qquad\qquad\qquad\qquad \cdots\cdots\ \bigcirc$

$f'(-1)=-2+a=3$

$\therefore a=5$

$a=5$를 $\bigcirc$에 대입하면 $b=4$

$\therefore ab=5\times 4=20$

17 $f'(x)=3x^2+2ax+a^2$이므로

$f'(1)=3+2a+a^2=6 \qquad \therefore a^2+2a-3=0$

따라서 상수 a의 값의 합은 근과 계수의 관계에 의하여 -2이다.

참고

이차방정식의 근과 계수의 관계

이차방정식 $ax^2+bx+c=0$의 두 근을 α, β라고 하면

$\alpha+\beta=-\dfrac{b}{a}$, $\alpha\beta=\dfrac{c}{a}$

18 **[1단계]**

$(x^2+x+1)f(x)=(x+1)(x^6-1)$에서

$(x^2+x+1)f(x)$

$=(x+1)(x-1)(x^3+1)(x^2+x+1)$

$\therefore f(x)=(x^2-1)(x^3+1)$

[2단계]

$f'(x)=(x^2-1)'(x^3+1)+(x^2-1)(x^3+1)'$

$\qquad =2x\times(x^3+1)+(x^2-1)\times 3x^2$

$\qquad =5x^4-3x^2+2x$

[3단계]

$\therefore f'(-1)=5-3-2=0$

19 $g'(x)=(2x^2-5x)'f(x)+(2x^2-5x)f'(x)$

$\qquad =(4x-5)f(x)+(2x^2-5x)f'(x)$

$\therefore g'(2)=3f(2)-2f'(2)$

$\qquad\qquad =3\times 3-2\times(-1)=11$

20 $f(x)=x^{10}+4x$로 놓으면 $f(1)=1+4=5$이므로

$\displaystyle\lim_{x\to 1}\frac{x^{10}+4x-5}{x-1}=\lim_{x\to 1}\frac{f(x)-f(1)}{x-1}=f'(1)$

이때 $f'(x)=10x^9+4$이므로

$f'(1)=10+4=14$

21 **[1단계]**

$f(x)$를 n차함수라고 하면 $f'(x)$는 $(n-1)$차함수이므로 $f(x)f'(x)$는 $n+(n-1)=2n-1$에서 $(2n-1)$차식이다.

$2x^3-9x^2+5x+6$은 삼차식이므로

$2n-1=3 \qquad \therefore n=2$

즉, $f(x)$는 이차식이고 최고차항의 계수가 1이므로

$f(x)=x^2+ax+b$ (a, b는 상수)로 놓을 수 있다.

[2단계]

$f'(x)=2x+a$이므로

$f(x)f'(x)=(x^2+ax+b)(2x+a)$

$\qquad\qquad =2x^3+3ax^2+(a^2+2b)x+ab$

$\qquad\qquad =2x^3-9x^2+5x+6$

따라서 $3a=-9$, $a^2+2b=5$, $ab=6$이므로

$a=-3$, $b=-2$

[3단계]

즉, $f(x)=x^2-3x-2$이므로

$f(-3)=9+9-2=16$

22 함수 $f(x)$가 $x=1$에서 미분가능하므로 $x=1$에서 연속이다.

$f(x)$가 $x=1$에서 연속이므로

$\displaystyle\lim_{x\to 1-}(3x^2-b)=\lim_{x\to 1+}(ax+2)=f(1)$

$3-b=a+2$

$\therefore a+b=1 \qquad\qquad\qquad\qquad \cdots\cdots\ \bigcirc$

$f'(x)=\begin{cases} a & (x>1) \\ 6x & (x<1) \end{cases}$ 이고 $f'(1)$이 존재하므로

$\displaystyle\lim_{x\to 1-}6x=\lim_{x\to 1+}a$

$\therefore a=6$

$a=6$을 $\bigcirc$에 대입하면 $b=-5$

$\therefore ab=6\times(-5)=-30$

23 함수 $f(x)$가 모든 실수에서 미분가능하므로 $x=3$에서 미분가능하다. 즉, $x=3$에서 연속이고 $f'(3)$이 존재한다.

$f(x)$가 $x=3$에서 연속이므로

$$\lim_{x \to 3-} x^2 = \lim_{x \to 3+} \left\{ -\frac{1}{2}(x-a)^2 + b \right\} = f(3)$$

$$9 = -\frac{1}{2}(3-a)^2 + b \qquad \cdots\cdots \ \text{㉠}$$

$$f'(x) = \begin{cases} 2x & (x<3) \\ -x+a & (x>3) \end{cases} \text{이고 } f'(3) \text{이 존재하므로}$$

$$\lim_{x \to 3-} 2x = \lim_{x \to 3+} (-x+a)$$

$$6 = -3 + a \qquad \therefore \ a = 9$$

$a=9$를 ㉠에 대입하면 $b=27$

$$\therefore \ a + b = 9 + 27 = 36$$

24 $x^6 + ax^3 + bx + 3$을 $(x+1)^2$으로 나눈 몫을 $Q(x)$라고 하면

$$x^6 + ax^3 + bx + 3 = (x+1)^2 Q(x) \qquad \cdots\cdots \ \text{㉠}$$

㉠의 양변에 $x=-1$을 대입하면

$$1 - a - b + 3 = 0$$

$$\therefore \ a + b = 4 \qquad \cdots\cdots \ \text{㉡}$$

㉠의 양변을 x에 대하여 미분하면

$$6x^5 + 3ax^2 + b = 2(x+1)Q(x) + (x+1)^2 Q'(x)$$

이 식의 양변에 $x=-1$을 대입하면

$$-6 + 3a + b = 0$$

$$\therefore \ 3a + b = 6 \qquad \cdots\cdots \ \text{㉢}$$

㉡, ㉢을 연립하여 풀면 $a=1$, $b=3$

$$\therefore \ a - b = 1 - 3 = -2$$

참고

다항식 $f(x)$를 $(x-a)^2$으로 나눌 때

① 나누어떨어지면

$\qquad \Rightarrow f(a) = 0, \ f'(a) = 0$

② 몫이 $Q(x)$, 나머지가 $R(x)$이면

$\qquad \Rightarrow f(x) = (x-a)^2 Q(x) + R(x)$에서

$\qquad\qquad f'(x) = 2(x-a)Q(x) + (x-a)^2 Q'(x) + R'(x)$

■ 08 접선의 방정식과 평균값 정리　　p. 32

01 49　　**02** ④　　**03** $y = 3x - \dfrac{2}{3}, \ y = 3x + \dfrac{2}{3}$

04 ④　　**05** $y = 3x - 1$　　**06** ①　　**07** 3

08 ②

01 $f(x) = 3x^3 - 2x + 1$로 놓으면 $f'(x) = 9x^2 - 2$

곡선 $y = f(x)$ 위의 점 $(-1, 0)$에서의 접선의 기울기는

$$f'(-1) = 7$$

따라서 점 $(-1, 0)$에서의 접선의 방정식은

$$y - 0 = 7\{x - (-1)\} \qquad \therefore \ y = 7x + 7$$

즉, $a = 7$, $b = 7$이므로

$$ab = 7 \times 7 = 49$$

02 $f(x) = x^3 - 3x$로 놓으면 $f'(x) = 3x^2 - 3$

이 곡선 위의 점 $(2, 2)$에서의 접선의 기울기는

$f'(2) = 9$이므로 이 접선에 수직인 직선의 기울기는 $-\dfrac{1}{9}$

이다.

따라서 구하는 직선의 방정식은

$$y - 2 = -\frac{1}{9}(x-2)$$

$$y = -\frac{1}{9}x + \frac{20}{9}$$

$$\therefore \ x + 9y - 20 = 0$$

03 $f(x) = -\dfrac{1}{3}x^3 + 4x$로 놓으면

$$f'(x) = -x^2 + 4$$

접선의 기울기가 3이므로 접점의 x좌표를 a라고 하면

$$-a^2 + 4 = 3, \ a^2 = 1$$

$$\therefore \ a = \pm 1$$

따라서 접점의 좌표는 $\left(-1, \ -\dfrac{11}{3} \right), \ \left(1, \ \dfrac{11}{3} \right)$이므로

구하는 접선의 방정식은

$$y - \left(-\frac{11}{3} \right) = 3\{x - (-1)\}, \ y - \frac{11}{3} = 3(x-1)$$

$$\therefore \ y = 3x - \frac{2}{3}, \ y = 3x + \frac{2}{3}$$

04 직선 $2x - y + 7 = 0$에서

$$y = 2x + 7$$

따라서 접선의 기울기는 2이다.

$f(x) = -x^2 + 6x + 2$로 놓으면

$$f'(x) = -2x + 6$$

접선의 기울기가 2이므로 접점의 x좌표를 a라고 하면

$$-2a + 6 = 2$$

$$\therefore \ a = 2$$

따라서 접점의 좌표는 $(2, 10)$이므로 구하는 접선의 방정식은

$$y - 10 = 2(x-2)$$

$$\therefore \ y = 2x + 6$$

05 $f(x) = x^3 - x^2 + 2x$로 놓으면 $f'(x) = 3x^2 - 2x + 2$

접점의 좌표를 $(a, \ a^3 - a^2 + 2a)$라고 하면 접선의 기울기는 $f'(a) = 3a^2 - 2a + 2$이므로 접선의 방정식은

$$y - (a^3 - a^2 + 2a) = (3a^2 - 2a + 2)(x - a) \qquad \cdots\cdots \ \text{㉠}$$

이 직선이 점 $(0, -1)$을 지나므로

$$-1 - (a^3 - a^2 + 2a) = (3a^2 - 2a + 2) \times (-a)$$

$$2a^3 - a^2 - 1 = 0$$

$$(a-1)(2a^2 + a + 1) = 0$$

$$\therefore \ a = 1 \ (\because \ a \text{는 실수})$$

$a=1$을 ㉠에 대입하면 구하는 접선의 방정식은

$$y = 3x - 1$$

06 $f(x)=ax^3+b$, $g(x)=x^2-5x+6$으로 놓으면

$f'(x)=3ax^2$, $g'(x)=2x-5$

두 곡선이 점 $(1, 2)$에서 공통인 접선을 가지므로

$f(1)=g(1)$에서 $a+b=1-5+6$

$\therefore a+b=2$ ...... ㉠

$f'(1)=g'(1)$에서 $3a=2-5$

$\therefore a=-1$

$a=-1$을 ㉠에 대입하면 $b=3$

$\therefore ab=-1\times3=-3$

07 함수 $f(x)$는 닫힌구간 $[2, 4]$에서 연속이고 열린구간 $(2, 4)$에서 미분가능하며 $f(2)=f(4)=8$이므로 롤의 정리에 의하여 $f'(c)=0$인 c가 2와 4 사이에 적어도 하나 존재한다.

$f'(x)=-2x+6$이므로

$f'(c)=-2c+6=0$

$\therefore c=3$

08 함수 $f(x)$는 닫힌구간 $[-3, 2]$에서 연속이고 열린구간 $(-3, 2)$에서 미분가능하므로 평균값 정리에 의하여

$\dfrac{f(2)-f(-3)}{2-(-3)}=f'(c)$인 c가 -3과 2 사이에 적어도 하나 존재한다.

$f'(x)=3x^2-2x$이므로

$\dfrac{5-(-35)}{2-(-3)}=3c^2-2c$

$3c^2-2c-8=0$

$(3c+4)(c-2)=0$

$\therefore c=-\dfrac{4}{3}$ $(\because -3<c<2)$

■ **09** 함수의 극대와 극소
p. 34

01 (1) 감소 (2) 증가

02 구간 $(-\infty, 0]$, $[1, \infty)$에서 증가, 닫힌구간 $[0, 1]$에서 감소   **03** $-3\leq k\leq3$

04 ④   **05** ③   **06** 극댓값: 없다., 극솟값: $\dfrac{5}{16}$

07 -12 **08** ④

01 (1) 구간 $(-\infty, 1)$에서 $f'(x)=-6x+2<0$이므로 함수 $f(x)$는 구간 $(-\infty, 1)$에서 감소한다.

(2) 구간 $(-\infty, \infty)$에서 $f'(x)=12x^2+1>0$이므로 함수 $f(x)$는 구간 $(-\infty, \infty)$에서 증가한다.

02 $f'(x)=6x^2-6x=6x(x-1)$

$f'(x)=0$에서 $x=0$ 또는 $x=1$

함수 $f(x)$의 증가와 감소를 표로 나타내면 다음과 같다.

x	$\cdots$	0	$\cdots$	1	$\cdots$
$f'(x)$	+	0	$-$	0	+
$f(x)$	↗	1	↘	0	↗

따라서 함수 $f(x)$는 구간 $(-\infty, 0]$, $[1, \infty)$에서 증가하고, 닫힌구간 $[0, 1]$에서 감소한다.

03 함수 $f(x)$가 실수 전체의 집합에서 감소하려면

$f'(x)=-3x^2+2kx-3\leq0$

위의 이차부등식이 모든 실수 x에 대하여 성립해야 하므로 이차방정식 $f'(x)=0$의 판별식을 D라고 하면

$\dfrac{D}{4}=k^2-9\leq0$

$(k+3)(k-3)\leq0$

$\therefore -3\leq k\leq3$

참고

이차부등식이 항상 성립할 조건

① 모든 실수 x에 대하여 $ax^2+bx+c>0$이면

$\Rightarrow a>0$, $b^2-4ac<0$

② 모든 실수 x에 대하여 $ax^2+bx+c\geq0$이면

$\Rightarrow a>0$, $b^2-4ac\leq0$

③ 모든 실수 x에 대하여 $ax^2+bx+c<0$이면

$\Rightarrow a<0$, $b^2-4ac<0$

④ 모든 실수 x에 대하여 $ax^2+bx+c\leq0$이면

$\Rightarrow a<0$, $b^2-4ac\leq0$

04 함수 $f(x)$가 열린구간 $(1, 3)$에서 증가하므로 이 구간에서 $f'(x)\geq0$이어야 한다.

$f'(x)=-3x^2-6x+3a$

$\quad\quad=-3(x+1)^2+3a+3$

이므로 $y=f'(x)$의 그래프가 오른쪽 그림과 같아야 한다.

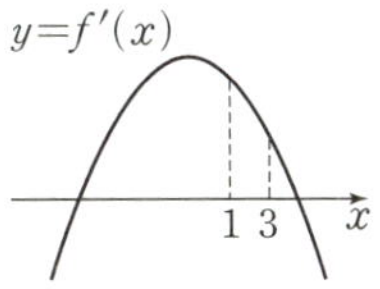

$f'(1)=-3-6+3a\geq0$에서

$a\geq3$ ...... ㉠

$f'(3)=-27-18+3a\geq0$에서 $a\geq15$ ...... ㉡

㉠, ㉡에서 $a\geq15$

따라서 a의 최솟값은 15이다.

05 ㄱ. 구간 $(-\infty, a)$에서 $f'(x)>0$이므로 함수 $f(x)$는 이 구간에서 증가한다. (거짓)

ㄴ. 열린구간 (b, c)에서 $f'(x)<0$이므로 함수 $f(x)$는 이 구간에서 감소한다. (거짓)

ㄷ. $f'(a)=0$이고 $x=a$의 좌우에서 $f'(x)$의 부호가 양에서 음으로 바뀌므로 $f(x)$는 $x=a$에서 극댓값을 갖는다. (참)

ㄹ. $f'(c)=0$이고 $x=c$의 좌우에서 $f'(x)$의 부호가 음에
　서 양으로 바뀌므로 $f(x)$는 $x=c$에서 극솟값을 갖는
　다. (참)
이상에서 옳은 것은 ㄷ, ㄹ이다.

06 $f'(x)=4x^3-6x^2$
$\qquad\quad =2x^2(2x-3)$
$f'(x)=0$에서 $x=0$ 또는 $x=\dfrac{3}{2}$
함수 $f(x)$의 증가와 감소를 표로 나타내면 다음과 같다.

x	$\cdots$	0	$\cdots$	$\dfrac{3}{2}$	$\cdots$
$f'(x)$	$-$	0	$-$	0	$+$
$f(x)$	$\searrow$	2	$\searrow$	$\dfrac{5}{16}$	$\nearrow$

따라서 함수 $f(x)$는 극댓값을 갖지 않고, $x=\dfrac{3}{2}$일 때 극솟
값 $\dfrac{5}{16}$를 갖는다.

07 $f'(x)=3x^2-6x-9$
$\qquad\quad =3(x+1)(x-3)$
$f'(x)=0$에서 $x=-1$ 또는 $x=3$
함수 $f(x)$의 증가와 감소를 표로 나타내면 다음과 같다.

x	$\cdots$	-1	$\cdots$	3	$\cdots$
$f'(x)$	$+$	0	$-$	0	$+$
$f(x)$	$\nearrow$	10	$\searrow$	-22	$\nearrow$

따라서 함수 $f(x)$는 $x=-1$일 때 극댓값 10을 갖고, $x=3$
일 때 극솟값 -22를 갖는다.
즉, $M=10$, $m=-22$이므로
$M+m=10+(-22)=-12$

08 $f'(x)=-3x^2+a$
함수 $f(x)$가 $x=1$에서 극댓값 4를 가지므로
$f(1)=-1+a+b=4$
$\therefore a+b=5$ $\qquad\qquad\qquad\cdots\cdots\ \bigcirc$
$f'(1)=-3+a=0$
$\therefore a=3$
$a=3$을 $\bigcirc$에 대입하면 $b=2$
$\therefore ab=3\times2=6$

---

01 풀이 참조　　**02** 풀이 참조　　**03** ③
04 $a<0$ 또는 $0<a<\dfrac{3}{2}$
05 최댓값: -2, 최솟값: -11
06 ③　　**07** ⑤　　**08** ④

01 ⑴ $f(x)=\dfrac{2}{3}x^3-2x$에서
$\qquad f'(x)=2x^2-2=2(x+1)(x-1)$
$\qquad f'(x)=0$에서 $x=-1$ 또는 $x=1$
함수 $f(x)$의 증가와 감소를 표로 나타내면 다음과 같다.

x	$\cdots$	-1	$\cdots$	1	$\cdots$
$f'(x)$	$+$	0	$-$	0	$+$
$f(x)$	$\nearrow$	$\dfrac{4}{3}$	$\searrow$	$-\dfrac{4}{3}$	$\nearrow$

따라서 $f(x)$는 $x=-1$일 때
극댓값 $\dfrac{4}{3}$, $x=1$일 때 극솟값
$-\dfrac{4}{3}$를 가지므로 함수 $f(x)$의
그래프는 오른쪽 그림과 같다.

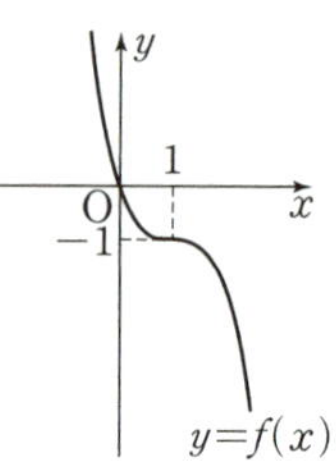

⑵ $f(x)=-x^3+3x^2-3x$에서
$\qquad f'(x)=-3x^2+6x-3=-3(x-1)^2$
$\qquad f'(x)=0$에서 $x=1$
함수 $f(x)$의 증가와 감소를 표로 나타내면 다음과 같다.

x	$\cdots$	1	$\cdots$
$f'(x)$	$-$	0	$-$
$f(x)$	$\searrow$	-1	$\searrow$

따라서 $f(x)$는 극값을 갖지 않으
므로 함수 $f(x)$의 그래프는 오른
쪽 그림과 같다.

02 ⑴ $f(x)=x^4-4x^3+4x^2+1$에서
$\qquad f'(x)=4x^3-12x^2+8x=4x(x-1)(x-2)$
$\qquad f'(x)=0$에서 $x=0$ 또는 $x=1$ 또는 $x=2$
함수 $f(x)$의 증가와 감소를 표로 나타내면 다음과 같다.

x	$\cdots$	0	$\cdots$	1	$\cdots$	2	$\cdots$
$f'(x)$	$-$	0	$+$	0	$-$	0	$+$
$f(x)$	$\searrow$	1	$\nearrow$	2	$\searrow$	1	$\nearrow$

따라서 $f(x)$는 $x=1$일 때 극댓값
2, $x=0$, $x=2$일 때 극솟값 1을
가지므로 함수 $f(x)$의 그래프는
오른쪽 그림과 같다.

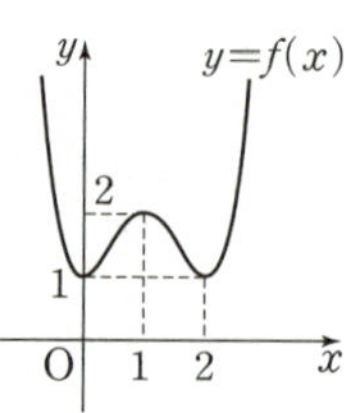

(2) $f(x)=-x^4+2x^3$에서

$$f'(x)=-4x^3+6x^2=-2x^2(2x-3)$$

$f'(x)=0$에서 $x=0$ 또는 $x=\dfrac{3}{2}$

함수 $f(x)$의 증가와 감소를 표로 나타내면 다음과 같다.

x	$\cdots$	0	$\cdots$	$\dfrac{3}{2}$	$\cdots$
$f'(x)$	$+$	0	$+$	0	$-$
$f(x)$	↗	0	↗	$\dfrac{27}{16}$	↘

따라서 $f(x)$는 $x=\dfrac{3}{2}$일 때 극댓값 $\dfrac{27}{16}$을 가지므로 함수 $f(x)$의 그래프는 오른쪽 그림과 같다.

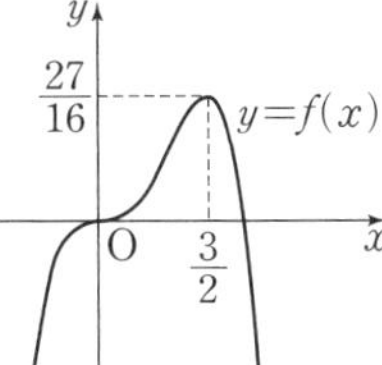

03 $f'(x)=6x^2-12x+a$

함수 $f(x)$가 극값을 갖지 않으려면 방정식 $f'(x)=0$이 중근 또는 허근을 가져야 한다.

방정식 $f'(x)=0$의 판별식을 D라고 하면

$$\dfrac{D}{4}=36-6a\le 0 \qquad \therefore a\ge 6$$

따라서 a의 최솟값은 6이다.

04 $f'(x)=4x^3-12x^2+6ax$
$\qquad\quad =2x(2x^2-6x+3a)$

사차항의 계수가 양수인 사차함수 $f(x)$가 극댓값을 가지면 방정식 $f'(x)=0$은 서로 다른 세 실근을 가져야 한다.

$f'(x)=0$의 한 근이 $x=0$이므로 방정식 $2x^2-6x+3a=0$은 0이 아닌 서로 다른 두 실근을 가져야 한다.

(i) $x=0$이 $2x^2-6x+3a=0$의 근이 아니므로
$\quad a\ne 0$

(ii) 방정식 $2x^2-6x+3a=0$의 판별식을 D라고 하면

$$\dfrac{D}{4}=9-6a>0$$

$$\therefore a<\dfrac{3}{2}$$

(i), (ii)에 의하여 $a<0$ 또는 $0<a<\dfrac{3}{2}$

참고

최고차항의 계수가 양수인 사차함수가 극댓값을 갖거나 갖지 않을 조건

최고차항의 계수가 양수인 사차함수 $f(x)$에 대하여

① $f(x)$가 극댓값을 갖는다.

　　⇨ 삼차방정식 $f'(x)=0$이 서로 다른 세 실근을 갖는다.

② $f(x)$가 극댓값을 갖지 않는다.

　　⇨ 삼차방정식 $f'(x)=0$은 한 실근과 두 허근 또는 한 실근과 중근 또는 삼중근을 갖는다.

05 $f(x)=-x^4+2x^2-3$에서

$$f'(x)=-4x^3+4x=-4x(x+1)(x-1)$$

$f'(x)=0$에서 $x=-1$ 또는 $x=0$ 또는 $x=1$

닫힌구간 $[-2, 1]$에서 함수 $f(x)$의 증가와 감소를 표로 나타내면 다음과 같다.

x	-2	$\cdots$	-1	$\cdots$	0	$\cdots$	1
$f'(x)$		$+$	0	$-$	0	$+$	0
$f(x)$	-11	↗	-2	↘	-3	↗	-2

따라서 함수 $f(x)$는 $x=-1$, $x=1$일 때 최댓값 -2, $x=-2$일 때 최솟값 -11을 갖는다.

06 $f(x)=2x^3-3x^2-12x+m$에서

$$f'(x)=6x^2-6x-12=6(x+1)(x-2)$$

$f'(x)=0$에서 $x=2$ $(\because 0\le x\le 3)$

닫힌구간 $[0, 3]$에서 함수 $f(x)$의 증가와 감소를 표로 나타내면 다음과 같다.

x	0	$\cdots$	2	$\cdots$	3
$f'(x)$		$-$	0	$+$	
$f(x)$	m	↘	$-20+m$	↗	$-9+m$

$-20+m<-9+m$이므로 함수 $f(x)$는 $x=0$일 때 최댓값 m, $x=2$일 때 최솟값 $-20+m$을 갖는다.

이때 함수 $f(x)$의 최솟값이 -8이므로

$$-20+m=-8$$

$$\therefore m=12$$

따라서 최댓값은 12이다.

07 $f(x)=ax^3-6ax^2+b$에서

$$f'(x)=3ax^2-12ax=3ax(x-4)\ (a>0)$$

$f'(x)=0$에서 $x=0$ $(\because -1\le x\le 2)$

닫힌구간 $[-1, 2]$에서 함수 $f(x)$의 증가와 감소를 표로 나타내면 다음과 같다.

x	-1	$\cdots$	0	$\cdots$	2
$f'(x)$		$+$	0	$-$	
$f(x)$	$-7a+b$	↗	b	↘	$-16a+b$

$a>0$이므로 $-16a+b<-7a+b<b$

즉, 함수 $f(x)$는 $x=0$일 때 최댓값 b, $x=2$일 때 최솟값 $-16a+b$를 갖는다.

이때 함수 $f(x)$의 최댓값이 3, 최솟값이 -29이므로

$$b=3,\ -16a+b=-29$$

$$\therefore a=2,\ b=3$$

$$\therefore a+b=2+3=5$$

08 $-x^2+3=0$에서

$$x^2-3=0$$

$$(x+\sqrt{3})(x-\sqrt{3})=0$$

$$\therefore x=-\sqrt{3}\ \text{또는}\ x=\sqrt{3}$$

다음 그림에서 $C(a, 0)$ $(0<a<\sqrt{3})$이라고 하면
$A(-a, -a^2+3)$, $B(-a, 0)$, $D(a, -a^2+3)$

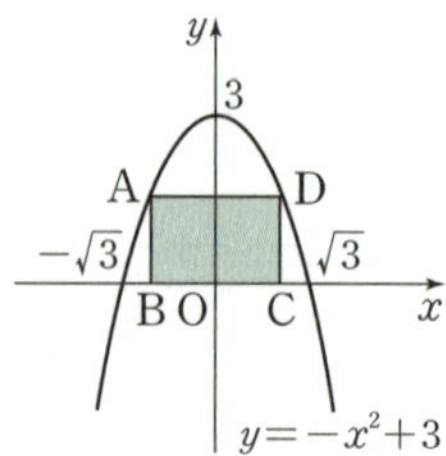

직사각형 ABCD의 넓이를 $S(a)$라고 하면
$$S(a)=2a(-a^2+3)=-2a^3+6a$$
$$S'(a)=-6a^2+6$$
$$=-6(a+1)(a-1)$$
$S'(a)=0$에서 $a=1$ $(\because 0<a<\sqrt{3})$
$0<a<\sqrt{3}$에서 $S(a)$의 증가와 감소를 표로 나타내면 다음과 같다.

a	(0)	$\cdots$	1	$\cdots$	$(\sqrt{3})$
$S'(a)$		$+$	0	$-$	
$S(a)$		$\nearrow$	4	$\searrow$	

따라서 직사각형 ABCD의 넓이는 $a=1$일 때 최대이고 그 때의 넓이는 4이다.

실력 확인 문제

08 09 10 p. 38

01 ②	02 ④	03 ①	04 ③	05 ②
06 ②	07 ⑤	08 ④	09 ③	10 ①
11 ④	12 $a \geq \dfrac{4}{3}$	13 ④	14 ②	15 ③
16 ③	17 16	18 ③		
19 $a=0$ 또는 $a \leq -\dfrac{9}{2}$		20 ⑤	21 ①	
22 ①	23 ㄴ, ㄷ	24 ⑤		

01 $f(x)=4x^2+ax+b$로 놓으면 곡선 $y=f(x)$가 점 $(2, -1)$을 지나므로
$$f(2)=16+2a+b=-1$$
$$\therefore 2a+b=-17 \qquad \cdots\cdots ㉠$$
또, 곡선 $y=f(x)$가 점 $(2, -1)$에서 직선 $y=x-3$에 접하므로
$$f'(2)=1$$
$f'(x)=8x+a$이므로
$$f'(2)=16+a=1$$
$$\therefore a=-15$$
$a=-15$를 ㉠에 대입하면
$$b=13$$
$$\therefore a+b=-15+13=-2$$

02 $f(x)=x^3-2x^2+4$로 놓으면 $f'(x)=3x^2-4x$
이 곡선 위의 점 $(1, 3)$에서의 접선의 기울기는
$$f'(1)=-1$$
이므로 접선의 방정식은
$$y-3=-(x-1)$$
$$\therefore y=-x+4$$
따라서 접선의 x절편, y절편은
각각 4, 4이므로 접선과 x축 및 y축으로 둘러싸인 부분의 넓이는
$$\frac{1}{2}\times 4 \times 4=8$$

03 $f(x)=2x^3+ax+b$로 놓으면 곡선 $y=f(x)$가 점 $(1, 1)$을 지나므로
$$f(1)=2+a+b=1$$
$$\therefore a+b=-1 \qquad \cdots\cdots ㉠$$
$f'(x)=6x^2+a$이므로 점 $(1, 1)$에서의 접선의 기울기는
$$f'(1)=6+a$$
접선과 수직인 직선의 기울기가 $-\dfrac{1}{2}$이므로
$$6+a=2$$
$$\therefore a=-4$$
$a=-4$를 ㉠에 대입하면 $b=3$
$$\therefore a^2+b^2=(-4)^2+3^2=25$$

04 $f(x)=x^2-4x+7$로 놓으면
$$f'(x)=2x-4$$
접선이 직선 $y=2x-5$에 평행하므로 접선의 기울기는 2이다.
접점의 x좌표를 a라고 하면
$$f'(a)=2a-4=2$$
$$\therefore a=3$$
접점의 좌표는 $(3, 4)$이므로 접선의 방정식은
$$y-4=2(x-3)$$
$$\therefore y=2x-2$$
따라서 $a=2$, $b=-2$이므로
$$ab=2\times(-2)=-4$$

05 $f(x)=x^2-x$로 놓으면 $f'(x)=2x-1$
접점의 좌표를 (t, t^2-t)라고 하면 접선의 기울기는
$f'(t)=2t-1$이므로 접선의 방정식은
$$y-(t^2-t)=(2t-1)(x-t)$$
$$\therefore y=(2t-1)x-t^2$$
이 직선이 점 $(1, -1)$을 지나므로
$$-1=2t-1-t^2, \ t^2-2t=0$$
$$t(t-2)=0$$
$$\therefore t=0 \ 또는 \ t=2$$
따라서 두 접선의 기울기의 합은
$$f'(0)+f'(2)=-1+3=2$$

06 $f(x)=-x^3+ax^2+bx$로 놓으면

$f'(x)=-3x^2+2ax+b$

점 $(-2, 4)$가 곡선 $y=f(x)$ 위의 점이므로

$f(-2)=8+4a-2b=4$

$\therefore 2a-b=-2$ ...... ㉠

점 $(-2, 4)$에서의 접선의 기울기가 -2이므로

$f'(-2)=-12-4a+b=-2$

$\therefore 4a-b=-10$ ...... ㉡

㉠, ㉡을 연립하여 풀면 $a=-4$, $b=-6$

$\therefore b-a=-6-(-4)=-2$

07 함수 $g(x)$의 도함수가 $f(x)$이므로

$g'(x)=f(x)$

곡선 $y=g(x)$ 위의 점 $(2, g(2))$에서의 접선의 기울기는

$g'(2)=f(2)=1$

이때 접선의 y절편이 -5이므로 접선의 방정식은

$y=x-5$

따라서 이 접선의 x절편은 5이다.

08 $f(x)=x^2+ax+b$, $g(x)=-x^3+3$으로 놓으면

$f'(x)=2x+a$, $g'(x)=-3x^2$

점 $(1, 2)$가 곡선 $y=f(x)$ 위의 점이므로

$f(1)=g(1)$에서 $1+a+b=2$

$\therefore a+b=1$ ...... ㉠

점 $(1, 2)$에서 공통인 접선을 가지므로

$f'(1)=g'(1)$에서 $2+a=-3$ $\therefore a=-5$

$a=-5$를 ㉠에 대입하면 $b=6$

$\therefore ab=-5\times6=-30$

09 함수 $f(x)$는 닫힌구간 $[-2, 2]$에서 연속이고 열린구간 $(-2, 2)$에서 미분가능하며 $f(-2)=f(2)=0$이므로 롤의 정리에 의하여 $f'(c)=0$인 c가 -2와 2 사이에 적어도 하나 존재한다.

$f'(x)=12x^3-12x$이므로

$f'(c)=12c^3-12c=0$

$12c(c+1)(c-1)=0$

$\therefore c=-1$ 또는 $c=0$ 또는 $c=1$

따라서 구하는 상수 c의 개수는 3이다.

10 평균값 정리를 만족시키는 상수는 -2이므로

$\dfrac{f(0)-f(k)}{0-k}=f'(-2)$ (단, $k<-2$)

이때 $f'(x)=3x^2+6x$이므로

$\dfrac{0-(k^3+3k^2)}{0-k}=0$, $k^2+3k=0$

$k(k+3)=0$

$\therefore k=-3$ $(\because k<-2)$

11 $f'(x)=3x^2-6x-9$이고 열린구간 $(1, a)$에서 함수 $f(x)$가 감소하므로 이 구간에서 $f'(x)\leq0$이어야 한다.

$f'(x)=3x^2-6x-9\leq0$에서

$3(x+1)(x-3)\leq0$

$\therefore -1\leq x\leq3$

따라서 $a\leq3$이어야 하므로 a의 최댓값은 3이다.

12 함수 $f(x)$가 실수 전체의 집합에서 증가하려면 모든 실수 x에서 $f'(x)=3x^2+4x+a\geq0$이어야 한다.

위의 이차부등식이 모든 실수 x에 대하여 성립해야 하므로 이차방정식 $f'(x)=0$의 판별식을 D라고 하면

$\dfrac{D}{4}=4-3a\leq0$

$\therefore a\geq\dfrac{4}{3}$

13 $x_1<x_2$인 임의의 실수 x_1, x_2에 대하여 $f(x_1)>f(x_2)$가 되려면 함수 $f(x)$는 실수 전체의 집합에서 감소하여야 한다.

즉, 모든 실수 x에서 $f'(x)=-x^2+2ax-(5a-4)\leq0$이어야 하므로 이차방정식 $f'(x)=0$의 판별식을 D라고 하면

$\dfrac{D}{4}=a^2-(5a-4)\leq0$

$a^2-5a+4\leq0$

$(a-1)(a-4)\leq0$

$\therefore 1\leq a\leq4$

따라서 구하는 정수 a는 $1, 2, 3, 4$의 4개이다.

14 $f(x)=2x^3-9x^2+12x+2$에서

$f'(x)=6x^2-18x+12=6(x-1)(x-2)$

$f'(x)=0$에서 $x=1$ 또는 $x=2$

함수 $f(x)$의 증가와 감소를 표로 나타내면 다음과 같다.

x	$\cdots$	1	$\cdots$	2	$\cdots$
$f'(x)$	$+$	0	$-$	0	$+$
$f(x)$	$\nearrow$	7	$\searrow$	6	$\nearrow$

따라서 $f(x)$는 $x=1$일 때 극댓값 7을 가지므로

$a=1$, $b=7$

$\therefore ab=1\times7=7$

15 $f'(x)=6x^2+2ax+b$

$f(x)$가 $x=0$, $x=1$에서 각각 극값을 가지므로

$f'(0)=0$, $f'(1)=0$

즉, $b=0$, $6+2a+b=0$이므로

$a=-3$, $b=0$

$\therefore a+b=(-3)+0=-3$

16 $f(x)=x^3-3kx^2-9k^2x+2$에서

$f'(x)=3x^2-6kx-9k^2=3(x+k)(x-3k)\ (k>0)$

$f'(x)=0$에서 $x=-k$ 또는 $x=3k$

x	$\cdots$	$-k$	$\cdots$	$3k$	$\cdots$
$f'(x)$	$+$	0	$-$	0	$+$
$f(x)$	$\nearrow$	$5k^3+2$	$\searrow$	$-27k^3+2$	$\nearrow$

$k>0$이므로 $5k^3+2>-27k^3+2$

따라서 함수 $f(x)$는 $x=-k$일 때 극댓값 $5k^3+2$를 갖고, $x=3k$일 때 극솟값 $-27k^3+2$를 갖는다.

이때 함수 $f(x)$의 극댓값과 극솟값의 합은 -18이므로

$(5k^3+2)+(-27k^3+2)=-18$

$-22k^3+4=-18,\ k^3=1$ $\therefore k=1$

17 $g'(x)=3x^2f(x)+(x^3+2)f'(x)$

$g(x)$가 $x=1$에서 극솟값 24를 가지므로

$g'(1)=0,\ g(1)=24$

$g'(1)=0$에서 $3f(1)+3f'(1)=0$ $\cdots\cdots$ ㉠

$g(1)=24$에서 $3f(1)=24$

$\therefore f(1)=8$

$f(1)=8$을 ㉠에 대입하면 $f'(1)=-8$

$\therefore f(1)-f'(1)=8-(-8)=16$

18 $f'(x)=x^2-4ax+3a$

함수 $f(x)$가 극값을 가지려면 방정식 $f'(x)=0$이 서로 다른 두 실근을 가져야 한다.

방정식 $f'(x)=0$의 판별식을 D라고 하면

$\dfrac{D}{4}=4a^2-3a>0$

$a(4a-3)>0$

$\therefore a<0$ 또는 $a>\dfrac{3}{4}$

따라서 a의 값이 될 수 없는 것은 ③이다.

19 $f'(x)=4x^3+12x^2-2ax=2x(2x^2+6x-a)$

사차항의 계수가 양수인 사차함수 $f(x)$가 극댓값을 갖지 않으려면 방정식 $f'(x)=0$이 한 실근과 두 허근을 갖거나 한 실근과 중근을 갖거나 삼중근을 가져야 한다.

(i) $f'(x)=0$이 한 실근과 두 허근을 가질 때

$2x(2x^2+6x-a)=0$의 한 근이 $x=0$이므로 이차방정식 $2x^2+6x-a=0$이 두 허근을 가져야 한다.

따라서 이차방정식 $2x^2+6x-a=0$의 판별식을 D라고 하면

$\dfrac{D}{4}=9+2a<0$

$\therefore a<-\dfrac{9}{2}$

(ii) $f'(x)=0$이 한 실근과 중근 또는 삼중근을 가질 때

$2x(2x^2+6x-a)=0$의 한 근이 $x=0$이므로 이차방정

식 $2x^2+6x-a=0$이 $x=0$을 근으로 갖거나 중근을 가져야 한다.

$2x^2+6x-a=0$이 $x=0$을 근으로 가지면

$0-a=0$ $\therefore a=0$

$2x^2+6x-a=0$이 중근을 가지면 판별식을 D라고 할 때

$\dfrac{D}{4}=9+2a=0$

$\therefore a=-\dfrac{9}{2}$

(i), (ii)에 의하여

$a=0$ 또는 $a\leq-\dfrac{9}{2}$

20 $f(x)=x^4-8x^2+5$에서

$f'(x)=4x^3-16x=4x(x+2)(x-2)$

$f'(x)=0$에서 $x=-2$ 또는 $x=0$ 또는 $x=2$

닫힌구간 $[-2, 3]$에서 함수 $f(x)$의 증가와 감소를 표로 나타내면 다음과 같다.

x	-2	$\cdots$	0	$\cdots$	2	$\cdots$	3
$f'(x)$	0	$+$	0	$-$	0	$+$	
$f(x)$	-11	$\nearrow$	5	$\searrow$	-11	$\nearrow$	14

따라서 함수 $f(x)$는 $x=3$일 때 최댓값 14, $x=-2$, $x=2$일 때 최솟값 -11을 갖는다.

즉, $M=14$, $m=-11$이므로

$M+m=14+(-11)=3$

21 $f(x)=-x^3+3x^2+a$에서

$f'(x)=-3x^2+6x=-3x(x-2)$

$f'(x)=0$에서 $x=0$ 또는 $x=2$

닫힌구간 $[-2, 2]$에서 함수 $f(x)$의 증가와 감소를 표로 나타내면 다음과 같다.

x	-2	$\cdots$	0	$\cdots$	2
$f'(x)$		$-$	0	$+$	0
$f(x)$	$20+a$	$\searrow$	a	$\nearrow$	$4+a$

$a<4+a<20+a$이므로 함수 $f(x)$는 $x=-2$일 때 최댓값 $20+a$, $x=0$일 때 최솟값 a를 갖는다.

이때 최솟값이 -4이므로 $a=-4$

따라서 최댓값은 $20+a=20+(-4)=16$

22 $f(x)=ax^4-4ax^3+b\ (a>0)$에서

$f'(x)=4ax^3-12ax^2=4ax^2(x-3)$

$f'(x)=0$에서 $x=3\ (\because 1\leq x\leq 4)$

닫힌구간 $[1, 4]$에서 함수 $f(x)$의 증가와 감소를 표로 나타내면 다음과 같다.

x	1	$\cdots$	3	$\cdots$	4
$f'(x)$		$-$	0	$+$	
$f(x)$	$-3a+b$	$\searrow$	$-27a+b$	$\nearrow$	b

$a>0$이므로 $-27a+b<-3a+b<b$

따라서 함수 $f(x)$는 $x=4$일 때 최댓값 b, $x=3$일 때 최솟값 $-27a+b$를 갖는다.

이때 함수 $f(x)$의 최댓값이 3, 최솟값이 -6이므로

$b=3$, $-27a+b=-6$

$\therefore a=\dfrac{1}{3}$, $b=3$

$\therefore ab=\dfrac{1}{3}\times3=1$

23 $y=f'(x)$의 그래프가 x축과 $x=-1$, $x=1$, $x=2$, $x=3$에서 만나므로 $f'(x)=0$에서

$x=-1$ 또는 $x=1$ 또는 $x=2$ 또는 $x=3$

함수 $f(x)$의 증가와 감소를 표로 나타내면 다음과 같다.

x	$\cdots$	-1	$\cdots$	1	$\cdots$	2	$\cdots$	3	$\cdots$
$f'(x)$	$-$	0	$+$	0	$-$	0	$-$	0	$+$
$f(x)$	$\searrow$	극소	$\nearrow$	극대	$\searrow$		$\searrow$	극소	$\nearrow$

ㄱ. $y=f(x)$는 $x=1$일 때만 극댓값을 가지므로 1개의 극댓값을 갖는다. (거짓)

ㄴ. $y=f(x)$는 $x=-1$, $x=3$일 때 극솟값을 가지므로 두 개의 극솟값을 갖는다. (참)

ㄷ. $-1\leq x\leq3$에서 $x=1$일 때 극대이고 최대이다. (참)

ㄹ. $-1\leq x\leq3$에서 $f(-1)$, $f(3)$ 중 작은 값이 최솟값이다. (거짓)

이상에서 옳은 것은 ㄴ, ㄷ이다.

24 잘라 낸 정사각형의 한 변의 길이를 x cm $(0<x<6)$라고 하면 상자의 밑면의 한 변의 길이는 $(12-2x)$ cm, 높이는 x cm이다.

상자의 부피를 $V(x)$ cm^{3}라고 하면

$V(x)=x(12-2x)^2$
$\qquad=4x^3-48x^2+144x\ (0<x<6)$
$V'(x)=12x^2-96x+144$
$\qquad=12(x-2)(x-6)$
$V'(x)=0$에서 $x=2\ (\because\ 0<x<6)$

$V(x)$의 증가와 감소를 표로 나타내면 다음과 같다.

x	(0)	$\cdots$	2	$\cdots$	(6)
$V'(x)$		$+$	0	$-$	
$V(x)$		$\nearrow$	128	$\searrow$	

따라서 $V(x)$는 $x=2$일 때 극대이고 최대이므로 상자의 부피의 최댓값은 $V(2)=128(\text{cm}^3)$이다.

11 방정식과 부등식에의 활용 p. 42

01 (1) 3 (2) 1 (3) 4
02 (1) $0<k<1$ (2) $k=0$ 또는 $k=1$ (3) $k<0$ 또는 $k>1$
03 22 **04** ② **05** ④ **06** 풀이 참조
07 $k>1$ **08** ②

01 (1) $f(x)=x^3-3x^2+1$이라고 하면

$f'(x)=3x^2-6x=3x(x-2)$
$f'(x)=0$에서 $x=0$ 또는 $x=2$

함수 $f(x)$의 증가와 감소를 표로 나타내면 다음과 같다.

x	$\cdots$	0	$\cdots$	2	$\cdots$
$f'(x)$	$+$	0	$-$	0	$+$
$f(x)$	$\nearrow$	1	$\searrow$	-3	$\nearrow$

따라서 함수 $y=f(x)$의 그래프는 오른쪽 그림과 같고 x축과 서로 다른 세 점에서 만나므로 주어진 방정식의 서로 다른 실근의 개수는 3이다.

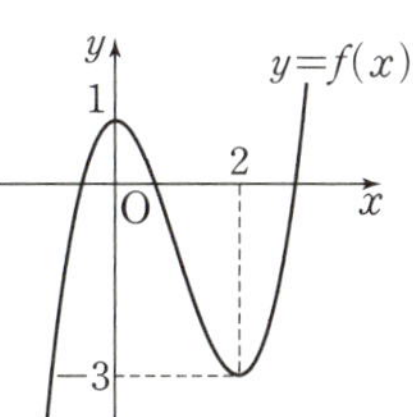

(2) $f(x)=-2x^3+3x^2+4$라고 하면

$f'(x)=-6x^2+6x=-6x(x-1)$
$f'(x)=0$에서 $x=0$ 또는 $x=1$

함수 $f(x)$의 증가와 감소를 표로 나타내면 다음과 같다.

x	$\cdots$	0	$\cdots$	1	$\cdots$
$f'(x)$	$-$	0	$+$	0	$-$
$f(x)$	$\searrow$	4	$\nearrow$	5	$\searrow$

따라서 함수 $y=f(x)$의 그래프는 오른쪽 그림과 같고 x축과 한 점에서 만나므로 주어진 방정식의 서로 다른 실근의 개수는 1이다.

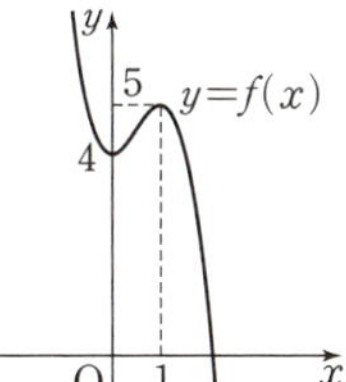

(3) $f(x)=x^4-4x^3-2x^2+12x-2$라고 하면

$f'(x)=4x^3-12x^2-4x+12$
$\qquad=4(x+1)(x-1)(x-3)$
$f'(x)=0$에서 $x=-1$ 또는 $x=1$ 또는 $x=3$

함수 $f(x)$의 증가와 감소를 표로 나타내면 다음과 같다.

x	$\cdots$	-1	$\cdots$	1	$\cdots$	3	$\cdots$
$f'(x)$	$-$	0	$+$	0	$-$	0	$+$
$f(x)$	$\searrow$	-11	$\nearrow$	5	$\searrow$	-11	$\nearrow$

따라서 함수 $y=f(x)$의 그래프는
오른쪽 그림과 같고 x축과 서로 다
른 네 점에서 만나므로 주어진 방정
식의 서로 다른 실근의 개수는 4이
다.

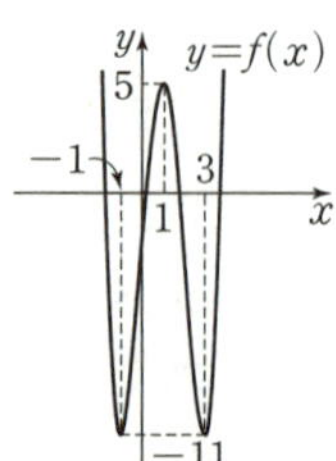

02 $f(x)=2x^3-3x^2+k$라고 하면
$f'(x)=6x^2-6x=6x(x-1)$
$f'(x)=0$에서 $x=0$ 또는 $x=1$
함수 $f(x)$의 증가와 감소를 표로 나타내면 다음과 같다.

x	$\cdots$	0	$\cdots$	1	$\cdots$
$f'(x)$	$+$	0	$-$	0	$+$
$f(x)$	↗	k	↘	$-1+k$	↗

따라서 $f(x)$는 $x=0$에서 극댓값 k, $x=1$에서 극솟값
$-1+k$를 갖는다.
⑴ (극댓값)$\times$(극솟값)<0이어야 하므로
　$k(-1+k)<0$
　　$\therefore 0<k<1$
⑵ (극댓값)$\times$(극솟값)$=0$이어야 하므로
　$k(-1+k)=0$
　　$\therefore k=0$ 또는 $k=1$
⑶ (극댓값)$\times$(극솟값)>0이어야 하므로
　$k(-1+k)>0$
　　$\therefore k<0$ 또는 $k>1$

03 $f(x)=x^3-3x^2-9x+k$라고 하면
$f'(x)=3x^2-6x-9$
　　　$=3(x+1)(x-3)$
$f'(x)=0$에서 $x=-1$ 또는 $x=3$
함수 $f(x)$의 증가와 감소를 표로 나타내면 다음과 같다.

x	$\cdots$	-1	$\cdots$	3	$\cdots$
$f'(x)$	$+$	0	$-$	0	$+$
$f(x)$	↗	$5+k$	↘	$-27+k$	↗

따라서 $f(x)$는 $x=-1$에서 극댓값 $5+k$, $x=3$에서 극솟
값 $-27+k$를 갖는다.
삼차방정식 $f(x)=0$이 서로 다른 두 실근을 가지므로
(극댓값)$\times$(극솟값)$=0$
$(5+k)(-27+k)=0$
$\therefore k=-5$ 또는 $k=27$
따라서 모든 실수 k의 값의 합은
$-5+27=22$

04 두 곡선 $y=2x^3-x^2-6x$, $y=2x^2+6x-k$가 서로 다른
세 점에서 만나야 하므로 방정식
$2x^3-x^2-6x=2x^2+6x-k$, 즉 $2x^3-3x^2-12x+k=0$
이 서로 다른 세 실근을 가져야 한다.

$f(x)=2x^3-3x^2-12x+k$로 놓으면
$f'(x)=6x^2-6x-12=6(x+1)(x-2)$
$f'(x)=0$에서 $x=-1$ 또는 $x=2$
$f(x)$의 증가와 감소를 표로 나타내면 다음과 같다.

x	$\cdots$	-1	$\cdots$	2	$\cdots$
$f'(x)$	$+$	0	$-$	0	$+$
$f(x)$	↗	$7+k$	↘	$-20+k$	↗

따라서 $f(x)$는 $x=-1$에서 극댓값 $7+k$, $x=2$에서 극솟
값은 $-20+k$를 갖는다.
삼차방정식 $f(x)=0$이 서로 다른 세 실근을 가지므로
(극댓값)$\times$(극솟값)<0
$(7+k)(-20+k)<0$
$\therefore -7<k<20$
따라서 주어진 조건을 만족시키는 음의 정수 k는
$-6, -5, -4, -3, -2, -1$의 6개이다.

05 $f(x)=2x^3-6x+k$로 놓으면
$f'(x)=6x^2-6=6(x+1)(x-1)$
$f'(x)=0$에서 $x=-1$ 또는 $x=1$
함수 $f(x)$의 증가와 감소를 표로 나타내면 다음과 같다.

x	$\cdots$	-1	$\cdots$	1	$\cdots$
$f'(x)$	$+$	0	$-$	0	$+$
$f(x)$	↗	$4+k$	↘	$-4+k$	↗

따라서 $f(x)$는 $x=-1$에서 극댓값 $4+k$, $x=1$에서 극솟
값은 $-4+k$를 갖는다.
방정식 $f(x)=0$이 한 개의 음의
근과 두 개의 서로 다른 양의 근
을 가지므로 $y=f(x)$의 그래프
는 오른쪽 그림과 같아야 한다.

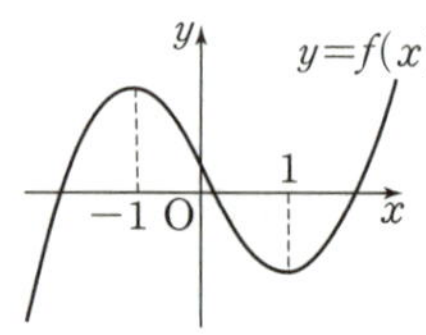

즉, (극댓값)>0, (극솟값)<0,
(y축과 만나는 점의 y좌표)>0이어야 하므로
$4+k>0$, $-4+k<0$, $k>0$
$\therefore 0<k<4$

06 $f(x)=2x^3+3x^2$으로 놓으면
$f'(x)=6x^2+6x=6x(x+1)$
$f'(x)=0$에서 $x=-1$ 또는 $x=0$
$x\geq-1$에서 함수 $f(x)$의 증가와 감소를 표로 나타내면 다
음과 같다.

x	-1	$\cdots$	0	$\cdots$
$f'(x)$	0	$-$	0	$+$
$f(x)$	1	↘	0	↗

따라서 $x\geq-1$에서 함수 $f(x)$는 $x=0$일 때 극소이면서
최소이다.
즉, $f(x)$의 최솟값이 $f(0)=0$이므로 $x\geq-1$일 때 부등식
$2x^3+3x^2\geq0$이 항상 성립한다.

07 $f(x)=3x^4-4x^3+k$라고 하면

$f'(x)=12x^3-12x^2=12x^2(x-1)$

$f'(x)=0$에서 $x=0$ 또는 $x=1$

$f(x)$의 증가와 감소를 표로 나타내면 다음과 같다.

x	$\cdots$	0	$\cdots$	1	$\cdots$
$f'(x)$	$-$	0	$-$	0	$+$
$f(x)$	$\searrow$	k	$\searrow$	$-1+k$	$\nearrow$

따라서 함수 $f(x)$는 $x=1$일 때 극소이면서 최소이다.

즉, $f(x)$의 최솟값이 $f(1)=-1+k$이므로 모든 실수 x에 대하여 $f(x)>0$이 항상 성립하려면

$-1+k>0$

$\therefore k>1$

08 $h(x)=f(x)-g(x)$로 놓으면

$h(x)=(x^3+k)-(x^2+x+1)$

$\quad\quad=x^3-x^2-x+k-1$

$h'(x)=3x^2-2x-1=(3x+1)(x-1)$

$h'(x)=0$에서 $x=1\,(\because x\geq0)$

$x\geq0$에서 함수 $h(x)$의 증가와 감소를 표로 나타내면 다음과 같다.

x	0	$\cdots$	1	$\cdots$
$h'(x)$		$-$	0	$+$
$h(x)$	$k-1$	$\searrow$	$k-2$	$\nearrow$

$x\geq0$에서 함수 $h(x)$는 $x=1$일 때 극소이면서 최소이다.

$x\geq0$에서 $h(x)\geq0$이려면

$k-2\geq0$

$\therefore k\geq2$

따라서 k의 최솟값은 2이다.

▪12 속도와 가속도
p. 44

01 속도: 25, 가속도: 18　　**02** ①　　**03** 2

04 ③　　**05** ①　　**06** ③　　**07** ③

08 $\dfrac{36}{5}\pi\ \mathrm{cm^3/초}$

---

01 점 P의 시각 t에서의 속도를 v, 가속도를 a라고 하면

$v=\dfrac{dx}{dt}=3t^2-2,\ a=\dfrac{dv}{dt}=6t$

따라서 시각 $t=3$에서의 속도는

$v=3\times3^2-2=25$

가속도는

$a=6\times3=18$

02 점 P의 시각 t에서의 속도를 v, 가속도를 a라고 하면

$v=\dfrac{dx}{dt}=6t^2-2t-1,\ a=\dfrac{dv}{dt}=12t-2$

속도가 3인 순간의 시각은

$6t^2-2t-1=3,\ 3t^2-t-2=0$

$(3t+2)(t-1)=0\quad\quad\therefore t=1\,(\because t>0)$

따라서 시각 $t=1$에서의 점 P의 가속도는

$a=12\times1-2=10$

03 점 P의 시각 t에서의 속도를 v라고 하면

$v=\dfrac{dx}{dt}=-2t+4$

운동 방향을 바꾸는 순간의 속도는 0이므로

$v=-2t+4=0\quad\quad\therefore t=2$

04 t초 후의 속도를 v라고 하면

$v=\dfrac{dx}{dt}=60-3t$

기차가 정지할 때의 속도는 0이므로

$60-3t=0\quad\quad\therefore t=20$

즉, 제동을 건 후 기차가 멈추는 것은 20초 후이다.

따라서 기차가 20초 동안 움직인 거리는

$60\times20-1.5\times20^2=600\,(\mathrm{m})$

05 t초 후의 속도를 v라고 하면

$v=\dfrac{dx}{dt}=-10t+20$

물체가 최고 높이에 도달했을 때의 속도는 $0\ \mathrm{m/초}$이므로

$-10t+20=0\quad\quad\therefore t=2$

따라서 최고 높이에 도달할 때까지 걸린 시간은 2초이고, 그때의 높이는

$x=-5\times2^2+20\times2=20\,(\mathrm{m})$

06 시각 t에서의 길이 l의 변화율은 $\dfrac{dl}{dt}=4t+1$이므로 시각 $t=\dfrac{1}{2}$에서의 물체의 길이의 변화율은

$4\times\dfrac{1}{2}+1=3$

07 t초 후의 직사각형의 가로의 길이는 $(10+t)\ \mathrm{cm}$, 세로의 길이는 $(6+2t)\ \mathrm{cm}$이므로 t초 후의 직사각형의 넓이를 $S\ \mathrm{cm^2}$라고 하면

$S=(10+t)(6+2t)=2t^2+26t+60$

시각 t에서의 넓이 S의 변화율은

$\dfrac{dS}{dt}=4t+26$

직사각형이 정사각형이 되는 순간은 $10+t=6+2t$이므로

$t=4$

따라서 $t=4$일 때, 직사각형의 넓이의 변화율은

$4\times4+26=42\,(\mathrm{cm^2/초})$

08 t초 후의 풍선의 반지름의 길이를 r cm, 부피를 V cm^{3}라
고 하면

$r=2+0.2t$

$V=\dfrac{4}{3}\pi r^3=\dfrac{4}{3}\pi(2+0.2t)^3$

시각 t에서의 부피 V의 변화율은

$\dfrac{dV}{dt}=\dfrac{4}{3}\pi\times3\times(2+0.2t)^2\times0.2=\dfrac{4}{5}\pi(2+0.2t)^2$

따라서 $t=5$일 때, 부피가 증가하는 속도는

$\dfrac{4}{5}\pi\times(2+0.2\times5)^2=\dfrac{36}{5}\pi$ (cm^3/초)

실력 확인 문제

11 12 p. 46

01 ②	**02** ②	**03** ④	**04** ②	**05** ⑤
06 ②	**07** ④	**08** 12	**09** ④	**10** ②
11 1.1 m/초		**12** 675π cm^3/초		

01 $f(x)=x^3+3x^2-9x+4-k$로 놓으면

$f'(x)=3x^2+6x-9=3(x+3)(x-1)$

$f'(x)=0$에서 $x=-3$ 또는 $x=1$

함수 $f(x)$의 증가와 감소를 표로 나타내면 다음과 같다.

x	$\cdots$	-3	$\cdots$	1	$\cdots$
$f'(x)$	$+$	0	$-$	0	$+$
$f(x)$	↗	$31-k$	↘	$-1-k$	↗

따라서 $f(x)$는 $x=-3$일 때 극댓값 $31-k$, $x=1$일 때 극
솟값 $-1-k$를 갖는다.

방정식 $f(x)=0$이 서로 다른 세 실근을 가지므로

(극댓값)$\times$(극솟값)<0

$(31-k)(-1-k)<0$

$(k+1)(k-31)<0$

$\therefore -1<k<31$

즉, 주어진 조건을 만족시키는 정수 k는 $0, 1, 2, \cdots, 30$의
31개이다.

02 [1단계]

주어진 곡선과 직선이 한 점에서 접하고, 다른 한 점에서
만나려면 방정식 $x^3-4x+a=8x$, 즉 $x^3-12x+a=0$이
한 실근과 중근을 가져야 한다. 즉, 서로 다른 두 실근을 가
져야 한다.

[2단계]

$f(x)=x^3-12x+a$로 놓으면

$f'(x)=3x^2-12=3(x+2)(x-2)$

$f'(x)=0$에서 $x=-2$ 또는 $x=2$

함수 $f(x)$의 증가와 감소를 표로 나타내면 다음과 같다.

x	$\cdots$	-2	$\cdots$	2	$\cdots$
$f'(x)$	$+$	0	$-$	0	$+$
$f(x)$	↗	$16+a$	↘	$-16+a$	↗

[3단계]

따라서 $f(x)$는 $x=-2$일 때 극댓값 $16+a$, $x=2$일 때 극
솟값 $-16+a$를 갖는다.

방정식 $f(x)=0$이 서로 다른 두 실근을 가지므로

(극댓값)$\times$(극솟값)$=0$

$(16+a)(-16+a)=0$

$\therefore a=16$ $(\because a>0)$

03 $f(x)=2x^3-3x^2-12x-a$로 놓으면

$f'(x)=6x^2-6x-12=6(x+1)(x-2)$

$f'(x)=0$에서 $x=-1$ 또는 $x=2$

함수 $f(x)$의 증가와 감소를 표로 나타내면 다음과 같다.

x	$\cdots$	-1	$\cdots$	2	$\cdots$
$f'(x)$	$+$	0	$-$	0	$+$
$f(x)$	↗	$7-a$	↘	$-20-a$	↗

따라서 $f(x)$는 $x=-1$일 때 극댓값 $7-a$, $x=2$일 때 극
솟값 $-20-a$를 갖는다.

방정식 $f(x)=0$이 오직 양의
실근 1개만 가지므로 $y=f(x)$
의 그래프는 오른쪽 그림과 같
아야 한다.

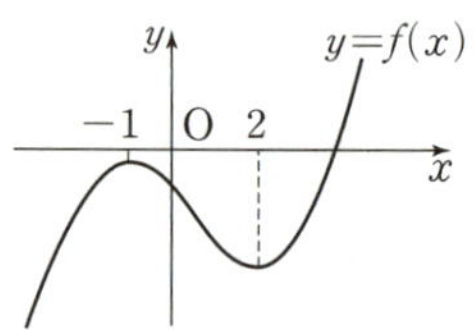

즉, (극댓값)<0이어야 하므로

$7-a<0$ $\therefore a>7$

따라서 주어진 조건을 만족시키는 정수 a의 최솟값은 8이
다.

04 $f(x)=x^4-4x-k^2+4k$로 놓으면

$f'(x)=4x^3-4=4(x-1)(x^2+x+1)$

이때 $x^2+x+1=\left(x+\dfrac{1}{2}\right)^2+\dfrac{3}{4}>0$이므로

$f'(x)=0$에서 $x=1$

함수 $f(x)$의 증가와 감소를 표로 나타내면 다음과 같다.

x	$\cdots$	1	$\cdots$
$f'(x)$	$-$	0	$+$
$f(x)$	↘	$-k^2+4k-3$	↗

함수 $f(x)$는 $x=1$일 때 극소이면서 최소이다.

즉, $f(x)$의 최솟값이 $f(1)=-k^2+4k-3$이므로

모든 실수 x에 대하여 $f(x)\geq0$이 성립하려면

$-k^2+4k-3\geq0$, $k^2-4k+3\leq0$

$(k-1)(k-3)\leq0$

$\therefore 1\leq k\leq3$

따라서 주어진 조건을 만족시키는 정수 k는 $1, 2, 3$이므로
구하는 합은 $1+2+3=6$

05 $f(x)=x^3-3x^2+k$로 놓으면

$$f'(x)=3x^2-6x=3x(x-2)$$

$0<x<2$일 때, $f'(x)<0$이므로 함수 $f(x)$는 열린구간 $(0, 2)$에서 감소한다. 즉, $0<x<2$일 때, $f(x)>0$이려면 $f(2)\geq0$이어야 하므로

$$f(2)=8-12+k\geq0$$

$$\therefore k\geq4$$

06 $h(x)=f(x)-g(x)$로 놓으면

$$h(x)=(x^3+2x^2-3x+2)-(2x^2+k+1)$$
$$=x^3-3x-k+1$$
$$h'(x)=3x^2-3=3(x+1)(x-1)$$

$h'(x)=0$에서 $x=1$ $(\because 0\leq x\leq3)$

닫힌구간 $[0, 3]$에서 함수 $h(x)$의 증가와 감소를 표로 나타내면 다음과 같다.

x	0	$\cdots$	1	$\cdots$	3
$h'(x)$		$-$	0	$+$	
$h(x)$	$1-k$	$\searrow$	$-1-k$	$\nearrow$	$19-k$

닫힌구간 $[0, 3]$에서 함수 $h(x)$는 $x=1$일 때 극소이면서 최소이다. 즉, $h(x)$의 최솟값은 $h(1)=-1-k$이므로 닫힌구간 $[0, 3]$에서 $h(x)\geq0$이려면

$$-1-k\geq0$$

$$\therefore k\leq-1$$

따라서 k의 최댓값은 -1이다.

07 점 P의 시각 t에서의 속도를 v라고 하면

$$\frac{dx}{dt}=3t^2-12$$

운동 방향을 바꾸는 순간의 속도는 0이므로

$$3t^2-12=0, \ 3(t+2)(t-2)=0$$

$$\therefore t=2 \ (\because t>0)$$

점 P의 운동 방향이 원점에서 바뀌므로 시각 $t=2$일 때의 위치는 0이다.

즉, $2^3-12\times2+k=0$이므로

$$-16+k=0$$

$$\therefore k=16$$

08 [1단계]

t초 후의 두 점 P, Q의 속도를 각각 v_P, v_Q라고 하면

$$v_\text{P}=\frac{dP(t)}{dt}=t^2+4, \ v_\text{Q}=\frac{dQ(t)}{dt}=4t$$

[2단계]

두 점 P, Q의 속도가 같아지는 시각은

$$t^2+4=4t, \ t^2-4t+4=0$$
$$(t-2)^2=0$$
$$\therefore t=2$$

[3단계]

따라서 시각 $t=2$에서의 두 점 P, Q의 위치는 각각

$$P(2)=10, \ Q(2)=-2$$

이므로 두 점 P, Q 사이의 거리는

$$10-(-2)=12$$

09 ㄱ. 점 P의 가속도는 $v'(t)$, 즉 $v(t)$의 그래프의 기울기와 같으므로 $1<t<3$에서 점 P의 가속도는 일정하다. (참)

ㄴ. $v(1)>0$, $v(3)<0$이므로 $t=1$일 때와 $t=3$일 때의 운동 방향은 서로 반대이다. (거짓)

ㄷ. $v(2)=0$, $v(5)=0$이고 $t=2$, $t=5$의 좌우에서 $v(t)$의 부호가 바뀌므로 $t=2$, $t=5$일 때 점 P는 운동 방향을 바꾼다. 즉, 점 P는 운동 방향을 2번 바꾼다. (참)

이상에서 옳은 것은 ㄱ, ㄷ이다.

10 t초 후의 속도를 v라고 하면

$$v=\frac{dx}{dt}=-10t+5$$

물체가 지면에 떨어지면 $x=0$이므로

$$-5t^2+5t+30=0$$
$$-5(t+2)(t-3)=0$$
$$\therefore t=3 \ (\because t>0)$$

따라서 물체가 지면에 떨어지는 순간의 속도는

$$-10\times3+5=-25\,(\text{m/초})$$

11 [1단계]

오른쪽 그림과 같이 t초 후에 가로등을 기준으로 학생이 움직인 거리를 x m, 그림자의 끝이 움직인 거리를 y m라고 하자.

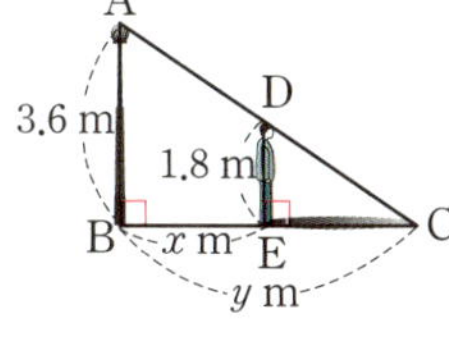

$\triangle \text{ABC} \infty \triangle \text{DEC}$ (AA 닮음) 이므로

$$\overline{\text{AB}} : \overline{\text{DE}}=\overline{\text{BC}} : \overline{\text{EC}}$$
$$3.6 : 1.8=y : (y-x)$$

즉, $2 : 1=y : (y-x)$이므로

$$y=2x \qquad\qquad \cdots\cdots \ \unicode{x1D4BE}$$

학생이 매초 1.1 m의 속도로 걸어가므로 t초 후 학생이 움직인 거리는 $x=1.1t$

$x=1.1t$를 ㉠에 대입하면

$$y=2\times1.1t=2.2t$$

[2단계]

t초 후의 그림자의 길이를 l m라고 하면

$$l=y-x=2.2t-1.1t=1.1t$$

따라서 그림자의 길이의 변화율은

$$\frac{dl}{dt}=1.1\,(\text{m/초})$$

12 [1단계]

t초 후의 수면의 반지름의 길이를 r cm, 그릇에 담긴 물의 높이를 h cm라고 하면 그릇과 물이 담긴 부분은 닮음이므로

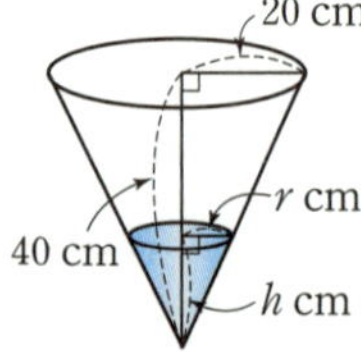

$20 : r = 40 : h$

$\therefore r = \dfrac{1}{2}h$ $\qquad$ …… ㉠

그릇에 매초 3 cm의 비율로 수면의 높이가 올라가므로

$h = 3t$

$h = 3t$를 ㉠에 대입하면 $r = \dfrac{3}{2}t$

[2단계]

물의 부피를 V cm^{3}라고 하면

$$V = \frac{1}{3}\pi r^2 h = \frac{1}{3}\pi \times \left(\frac{3}{2}t\right)^2 \times 3t = \frac{9}{4}\pi t^3$$

시각 t에서의 물의 부피의 변화율은

$$\frac{dV}{dt} = \frac{27}{4}\pi t^2$$

[3단계]

수면의 높이가 30 cm가 되는 시각은

$30 = 3t$ $\quad \therefore t = 10$

따라서 시각 $t = 10$일 때의 물의 부피의 변화율은

$$\frac{27}{4}\pi \times 10^2 = 675\pi \ (\text{cm}^3/\text{초})$$

01 (1) $\dfrac{2}{3}x^3 - 3x^2 + x + C$ $\quad$ (2) $-x^4 + \dfrac{4}{9}x^3 + C$

$\quad$ (3) $\dfrac{1}{3}x^3 + \dfrac{1}{2}x^2 + x + C$ $\quad$ (4) $x^3 - x^2 - 4x + C$

02 $f(x) = 4x^3 - \dfrac{7}{2}x^2 - 10x - \dfrac{1}{2}$ $\qquad$ **03** 1

04 ② $\quad$ **05** 2 $\quad$ **06** ⑤ $\quad$ **07** -5 $\quad$ **08** ⑤

01 (1) $\displaystyle\int (2x^2 - 6x + 1)\,dx = 2\int x^2\,dx - 6\int x\,dx + \int dx$

$\qquad = 2 \times \dfrac{1}{3}x^3 - 6 \times \dfrac{1}{2}x^2 + x + C$

$\qquad = \dfrac{2}{3}x^3 - 3x^2 + x + C$

(2) $\displaystyle\int 4x\left(-x^2 + \dfrac{1}{3}x\right)dx = \int \left(-4x^3 + \dfrac{4}{3}x^2\right)dx$

$\qquad = -4\int x^3\,dx + \dfrac{4}{3}\int x^2\,dx$

$\qquad = -4 \times \dfrac{1}{4}x^4 + \dfrac{4}{3} \times \dfrac{1}{3}x^3 + C$

$\qquad = -x^4 + \dfrac{4}{9}x^3 + C$

(3) $\displaystyle\int \dfrac{x^3 - 1}{x - 1}\,dx = \int \dfrac{(x-1)(x^2 + x + 1)}{x - 1}\,dx$

$\qquad = \int (x^2 + x + 1)\,dx$

$\qquad = \int x^2\,dx + \int x\,dx + \int dx$

$\qquad = \dfrac{1}{3}x^3 + \dfrac{1}{2}x^2 + x + C$

(4) $\displaystyle\int (x^2 - 3x)\,dx + \int (2x^2 + x - 4)\,dx$

$\qquad = \int \{(x^2 - 3x) + (2x^2 + x - 4)\}\,dx$

$\qquad = \int (3x^2 - 2x - 4)\,dx$

$\qquad = 3\int x^2\,dx - 2\int x\,dx - \int 4\,dx$

$\qquad = 3 \times \dfrac{1}{3}x^3 - 2 \times \dfrac{1}{2}x^2 - 4x + C$

$\qquad = x^3 - x^2 - 4x + C$

02 $f(x) = \displaystyle\int (3x + 2)(4x - 5)\,dx$

$\qquad = \int (12x^2 - 7x - 10)\,dx$

$\qquad = 4x^3 - \dfrac{7}{2}x^2 - 10x + C$

$\quad f(-1) = \dfrac{5}{2} + C = 2$이므로

$\quad C = -\dfrac{1}{2}$

$\quad \therefore f(x) = 4x^3 - \dfrac{7}{2}x^2 - 10x - \dfrac{1}{2}$

03 $f(x)=\int(3x^2+ax-2)\,dx$

$\qquad =x^3+\dfrac{1}{2}ax^2-2x+C$

$f(0)=-3$이므로 $C=-3$

$\therefore f(x)=x^3+\dfrac{1}{2}ax^2-2x-3$

$f(2)=3$이므로 $2a+1=3$

$\therefore a=1$

04 $\int(x+2)^2dx-\int(x-2)^2dx$

$\qquad =\int(x^2+4x+4)\,dx-\int(x^2-4x+4)\,dx$

$\qquad =\int\{(x^2+4x+4)-(x^2-4x+4)\}\,dx$

$\qquad =\int 8x\,dx$

$\qquad =4x^2+C$

05 $f(x)=\int\left\{\dfrac{d}{dx}(x^2-4x)\right\}dx$

$\qquad =x^2-4x+C$

$f(0)=5$이므로 $C=5$

따라서 $f(x)=x^2-4x+5$이므로

$f(1)=2$

06 $f(x)=\dfrac{d}{dx}\left\{\int(x^2-10x+a)\,dx\right\}$

$\qquad =x^2-10x+a$

$\qquad =(x-5)^2+a-25$

따라서 $f(x)$는 $x=5$일 때 최솟값 $a-25$를 가지므로

$a-25=-15$

$\therefore a=10$

07 주어진 식의 양변을 x에 대하여 미분하면

$(x-1)f(x)=3x^2-2x-1=(3x+1)(x-1)$

따라서 $f(x)=3x+1$이므로

$f(-2)=-5$

08 $f(x)=\int(3x^2+4x-7)\,dx$

$\qquad =x^3+2x^2-7x+C$

$f(0)=1$이므로 $C=1$

따라서 $f(x)=x^3+2x^2-7x+1$이므로

$f(3)=25$

▣ 14 정적분　　p. 50

01 (1) 2　(2) $\dfrac{33}{4}$　(3) 0　(4) 18　　**02** 9　　**03** $\dfrac{1}{2}$

04 ④　　**05** 18　　**06** $\dfrac{25}{6}$　　**07** ①　　**08** ⑤

01 (1) $\displaystyle\int_{-1}^{1}(4x^3-3x^2+2)\,dx=\left[x^4-x^3+2x\right]_{-1}^{1}$

$\qquad\qquad =2-0=2$

(2) $\displaystyle\int_{2}^{3}(x-2)(x^2+2x+4)\,dx=\int_{2}^{3}(x^3-8)\,dx$

$\qquad\qquad =\left[\dfrac{1}{4}x^4-8x\right]_{2}^{3}$

$\qquad\qquad =-\dfrac{15}{4}-(-12)$

$\qquad\qquad =\dfrac{33}{4}$

(4) $\displaystyle\int_{3}^{0}(x^2-9)\,dx=-\int_{0}^{3}(x^2-9)\,dx$

$\qquad\qquad =-\left[\dfrac{1}{3}x^3-9x\right]_{0}^{3}$

$\qquad\qquad =-(-18)=18$

02 $\displaystyle\int_{0}^{1}(ax^2+1)\,dx=\left[\dfrac{1}{3}ax^3+x\right]_{0}^{1}=\dfrac{1}{3}a+1=4$

$\therefore a=9$

03 $\displaystyle\int_{1}^{2}\dfrac{x^2}{x+1}\,dx-\int_{1}^{2}\dfrac{1}{t+1}\,dt$

$\qquad =\displaystyle\int_{1}^{2}\dfrac{x^2}{x+1}\,dx-\int_{1}^{2}\dfrac{1}{x+1}\,dx$

$\qquad =\displaystyle\int_{1}^{2}\dfrac{x^2-1}{x+1}\,dx$

$\qquad =\displaystyle\int_{1}^{2}\dfrac{(x+1)(x-1)}{x+1}\,dx$

$\qquad =\displaystyle\int_{1}^{2}(x-1)\,dx$

$\qquad =\left[\dfrac{1}{2}x^2-x\right]_{1}^{2}=\dfrac{1}{2}$

04 $\displaystyle\int_{-2}^{-1}f(x)\,dx+\int_{-1}^{1}f(x)\,dx-\int_{2}^{1}f(x)\,dx$

$\qquad =\displaystyle\int_{-2}^{1}f(x)\,dx+\int_{1}^{2}f(x)\,dx$

$\qquad =\displaystyle\int_{-2}^{2}f(x)\,dx$

$\qquad =\displaystyle\int_{-2}^{2}(9x^2-2x)\,dx$

$\qquad =\left[3x^3-x^2\right]_{-2}^{2}=48$

05 $f(k)=\displaystyle\int_{1}^{3}(x+k)^2\,dx-\int_{3}^{1}(2x^2+1)\,dx$

$\qquad =\displaystyle\int_{1}^{3}(x^2+2kx+k^2)\,dx+\int_{1}^{3}(2x^2+1)\,dx$

$$=\int_1^3 (3x^2+2kx+k^2+1)\,dx$$

$$=\left[x^3+kx^2+(k^2+1)x\right]_1^3$$

$$=2k^2+8k+28$$

$$=2(k+2)^2+20$$

이므로 $f(k)$는 $k=-2$일 때, 최솟값 20을 갖는다.

따라서 $a=-2$, $b=20$이므로

$$a+b=-2+20=18$$

06 $\displaystyle \int_0^2 f(x)\,dx=\int_0^1 f(x)\,dx+\int_1^2 f(x)\,dx$

$$=\int_0^1 (x+2)\,dx+\int_1^2 (-x^2+4)\,dx$$

$$=\left[\frac{1}{2}x^2+2x\right]_0^1+\left[-\frac{1}{3}x^3+4x\right]_1^2$$

$$=\frac{5}{2}+\frac{5}{3}=\frac{25}{6}$$

07 $f(x)=\begin{cases} x+2 & (x\leq 0) \\ 2 & (x>0) \end{cases}$ 이므로

$$\int_{-1}^1 3xf(x)\,dx=\int_{-1}^0 3x(x+2)\,dx+\int_0^1 (3x\times 2)\,dx$$

$$=\int_{-1}^0 (3x^2+6x)\,dx+\int_0^1 6x\,dx$$

$$=\left[x^3+3x^2\right]_{-1}^0+\left[3x^2\right]_0^1$$

$$=-2+3=1$$

08 $|x^2+3x|=\begin{cases} -x^2-3x & (-3<x<0) \\ x^2+3x & (x\leq -3 \text{ 또는 } x\geq 0) \end{cases}$

$$\therefore \int_{-3}^1 |x^2+3x|\,dx$$

$$=\int_{-3}^0 (-x^2-3x)\,dx+\int_0^1 (x^2+3x)\,dx$$

$$=\left[-\frac{1}{3}x^3-\frac{3}{2}x^2\right]_{-3}^0+\left[\frac{1}{3}x^3+\frac{3}{2}x^2\right]_0^1$$

$$=\frac{9}{2}+\frac{11}{6}=\frac{19}{3}$$

■ 15 여러 가지 정적분의 계산　　p. 52

01 -6　　**02** 32　　**03** 7　　**04** ④

05 $f(x)=3x^2-10x+4$　　**06** ③　　**07** ⑤

08 ③

---

01 $\displaystyle \int_{-1}^1 (6x^5-5x^4+4x^3-3x^2+2x-1)\,dx$

$$=\int_{-1}^1 (6x^5+4x^3+2x)\,dx+\int_{-1}^1 (-5x^4-3x^2-1)\,dx$$

$$=0+2\int_0^1 (-5x^4-3x^2-1)\,dx$$

$$=2\left[-x^5-x^3-x\right]_0^1$$

$$=2\times(-3)=-6$$

02 조건 ㈏에서 $f(x)=f(x+4)$이므로

$$\int_{-2}^2 f(x)\,dx=\int_2^6 f(x)\,dx=\int_6^{10} f(x)\,dx \qquad \cdots\cdots ㉠$$

이때 $f(x)$가 짝함수이므로

$$\int_{-2}^2 f(x)\,dx=2\int_0^2 f(x)\,dx \qquad \cdots\cdots ㉡$$

㉠, ㉡에 의하여

$$\int_{-2}^{10} f(x)\,dx=\int_{-2}^2 f(x)\,dx+\int_2^6 f(x)\,dx+\int_6^{10} f(x)\,dx$$

$$=6\int_0^2 f(x)\,dx$$

$$=6\int_0^2 (-x^2+4)\,dx$$

$$=6\left[-\frac{1}{3}x^3+4x\right]_0^2$$

$$=6\times\frac{16}{3}=32$$

03 $F(x)=\displaystyle \int_0^x (t^3-1)\,dt$의 양변을 x에 대하여 미분하면

$$F'(x)=x^3-1$$

$$\therefore F'(2)=7$$

04 $\displaystyle \int_0^2 f(x)\,dx=k \;(k\text{는 상수}) \qquad \cdots\cdots ㉠$

로 놓으면

$$f(x)=-3x^2-8x+k$$

이것을 ㉠에 대입하면

$$\int_0^2 (-3x^2-8x+k)\,dx=k$$

$$\left[-x^3-4x^2+kx\right]_0^2=k$$

$$-24+2k=k \qquad \therefore k=24$$

따라서 $f(x)=-3x^2-8x+24$이므로

$$f(1)=13$$

05 주어진 식의 양변을 x에 대하여 미분하면

$$f(x)+xf'(x)=6x^2-10x+f(x)$$

$$xf'(x)=6x^2-10x$$

이 식이 모든 실수 x에 대하여 성립하므로

$$f'(x)=6x-10$$

$$\therefore f(x)=\int (6x-10)\,dx=3x^2-10x+C \qquad \cdots\cdots ㉠$$

또, 주어진 식의 양변에 $x=1$을 대입하면

$$f(1)=2-5+0=-3$$

㉠에서 $f(1)=3-10+C=-3$

$$\therefore C=4$$

$C=4$를 ㉠에 대입하면

$$f(x)=3x^2-10x+4$$

06 $\displaystyle\int f(t)\,dt=F(t)+C$로 놓으면

$$\int_{-1}^{x} f(t)\,dt=\Big[F(x)\Big]_{-1}^{x}=F(x)-F(-1)$$

$$\therefore \lim_{x\to-1}\frac{1}{x^2-1}\int_{-1}^{x} f(t)\,dt$$

$$=\lim_{x\to-1}\left\{\frac{F(x)-F(-1)}{x+1}\times\frac{1}{x-1}\right\}$$

$$=\lim_{x\to-1}\left\{\frac{F(x)-F(-1)}{x-(-1)}\times\frac{1}{x-1}\right\}$$

$$=-\frac{1}{2}F'(-1)=-\frac{1}{2}f(-1)$$

$$=-\frac{1}{2}\times2=-1$$

07 $\displaystyle\int\left(\frac{1}{2}x^2+3x-2\right)dx=F(x)+C$ ...... ㉠

로 놓으면

$$\int_{2}^{2+3h}\left(\frac{1}{2}x^2+3x-2\right)dx=\Big[F(x)\Big]_{2}^{2+3h}$$
$$=F(2+3h)-F(2)$$

$$\therefore \lim_{h\to0}\frac{1}{h}\int_{2}^{2+3h}\left(\frac{1}{2}x^2+3x-2\right)dx$$

$$=\lim_{h\to0}\frac{F(2+3h)-F(2)}{h}$$

$$=\lim_{h\to0}\frac{F(2+3h)-F(2)}{3h}\times3$$

$$=3F'(2)$$

㉠에서 $F'(x)=\dfrac{1}{2}x^2+3x-2$이므로

$$3F'(2)=3\times6=18$$

08 주어진 식의 양변을 x에 대하여 미분하면

$$f'(x)=x^2-x-2=(x+1)(x-2)$$

$f'(x)=0$에서 $x=-1$ 또는 $x=2$

함수 $f(x)$의 증가와 감소를 표로 나타내면 다음과 같다.

x	$\cdots$	-1	$\cdots$	2	$\cdots$
$f'(x)$	$+$	0	$-$	0	$+$
$f(x)$	↗	극대	↘	극소	↗

함수 $f(x)$는 $x=-1$에서 극대이므로 극댓값은

$$f(-1)=\int_{0}^{-1}(t^2-t-2)\,dt$$

$$=\left[\frac{1}{3}t^3-\frac{1}{2}t^2-2t\right]_{0}^{-1}=\frac{7}{6}$$

또한, 함수 $f(x)$는 $x=2$에서 극소이므로 극솟값은

$$f(2)=\int_{0}^{2}(t^2-t-2)\,dt$$

$$=\left[\frac{1}{3}t^3-\frac{1}{2}t^2-2t\right]_{0}^{2}=-\frac{10}{3}$$

따라서 $M=\dfrac{7}{6}$, $m=-\dfrac{10}{3}$이므로

$$M+m=-\frac{13}{6}$$

01 ②	**02** ⑤	**03** ④	**04** ④	**05** ④
06 ③	**07** $f(x)=-\dfrac{1}{2}x^3+\dfrac{3}{2}x^2+3$			**08** ①
09 ②	**10** ④	**11** ④	**12** -25	**13** ②
14 ④	**15** ④	**16** 17	**17** ③	
18 $f(x)=-9x^2+x-\dfrac{11}{2}$			**19** ②	**20** ①
21 ②	**22** ②	**23** ④	**24** ③	

01 $F(x)=2x^3-\dfrac{a}{2}x^2+x+C$로 놓으면

$$f(x)=F'(x)=6x^2-ax+1$$

$f(2)=3$이므로

$$24-2a+1=3 \qquad \therefore a=11$$

02 $\displaystyle\int(3x-2)^2\,dx=\int(9x^2-12x+4)\,dx$

$$=9\int x^2\,dx-12\int x\,dx+\int4\,dx$$

$$=9\times\frac{1}{3}x^3-12\times\frac{1}{2}x^2+4x+C$$

$$=3x^3-6x^2+4x+C$$

다른 풀이

$$\int(3x-2)^2\,dx=\frac{1}{3}\times\frac{1}{3}(3x-2)^3+C_1$$

$$=\frac{1}{9}(3x-2)^3+C_1$$

$$=3x^3-6x^2+4x+C$$

$$\left(단,\ C=-\frac{8}{9}+C_1\right)$$

03 $f(x)=\displaystyle\int\left(\frac{1}{2}x^3+2x+1\right)dx-\int\left(\frac{1}{2}x^3+x\right)dx$

$$=\int\left\{\left(\frac{1}{2}x^3+2x+1\right)-\left(\frac{1}{2}x^3+x\right)\right\}dx$$

$$=\int(x+1)\,dx$$

$$=\frac{1}{2}x^2+x+C$$

이때 $f(0)=1$이므로 $C=1$

따라서 $f(x)=\dfrac{1}{2}x^2+x+1$이므로

$$f(4)=13$$

04 $f(x)=\displaystyle\int\left\{\frac{d}{dx}(x^3-2x^2+3x)\right\}dx=x^3-2x^2+3x+C$

이때 $f(0)=3$이므로 $C=3$

따라서 $f(x)=x^3-2x^2+3x+3$이므로

$$f(2)=9$$

05 곡선 $y=f(x)$ 위의 점 $(x, f(x))$에서의 접선의 기울기는
$f'(x)$이므로

$f'(x)=3x^2+2x$

$\therefore f(x)=\int(3x^2+2x)\,dx=x^3+x^2+C$

곡선 $y=f(x)$가 점 $(0, 2)$를 지나므로 $C=2$

따라서 $f(x)=x^3+x^2+2$이므로

$f(1)=4$

06 주어진 식의 양변을 x에 대하여 미분하면

$f(x)+xf(x)=3x^2-2x-5$

$(1+x)f(x)=(x+1)(3x-5)$

$\therefore f(x)=3x-5$

07 [1단계]

$f(x)$의 도함수는 이차식이므로 주어진 그림에서

$f'(x)=ax(x-2)\ (a<0)$

로 놓을 수 있다.

[2단계]

$f'(x)=0$에서 $x=0$ 또는 $x=2$

함수 $f(x)$의 증가와 감소를 표로 나타내면 다음과 같다.

x	$\cdots$	0	$\cdots$	2	$\cdots$
$f'(x)$	$-$	0	$+$	0	$-$
$f(x)$	$\searrow$	극소	$\nearrow$	극대	$\searrow$

이때 $f(x)$의 극솟값이 3, 극댓값이 5이므로

$f(0)=3,\ f(2)=5$

[3단계]

$f(x)=\int f'(x)\,dx=\int ax(x-2)\,dx$

$\qquad=\int(ax^2-2ax)\,dx=\dfrac{1}{3}ax^3-ax^2+C$

$f(0)=3$에서 $C=3$

$f(x)=\dfrac{1}{3}ax^3-ax^2+3$이므로

$f(2)=5$에서 $-\dfrac{4}{3}a+3=5$　　$\therefore a=-\dfrac{3}{2}$

$\therefore f(x)=-\dfrac{1}{2}x^3+\dfrac{3}{2}x^2+3$

08 $\displaystyle\int_0^a(3x^2-4)\,dx=\Big[x^3-4x\Big]_0^a=a^3-4a=0$

$a(a+2)(a-2)=0$

$\therefore a=-2$ 또는 $a=0$ 또는 $a=2$

이때 $a>0$이므로 $a=2$

09 $\displaystyle\int_1^2(3x-1)^2\,dx+\int_1^2(4x+3)\,dx$

$=\displaystyle\int_1^2(9x^2-6x+1)\,dx+\int_1^2(4x+3)\,dx$

$=\displaystyle\int_1^2\{(9x^2-6x+1)+(4x+3)\}\,dx$

$=\displaystyle\int_1^2(9x^2-2x+4)\,dx$

$=\Big[3x^3-x^2+4x\Big]_1^2=22$

10 [1단계]

$0<a<3$이므로

$\displaystyle\int_0^3(6x+5)\,dx-\int_a^3(6x+5)\,dx$

$=\displaystyle\int_0^a(6x+5)\,dx$

$=\Big[3x^2+5x\Big]_0^a=3a^2+5a$

[2단계]

즉, $3a^2+5a=22$이므로

$3a^2+5a-22=0,\ (3a+11)(a-2)=0$

$\therefore a=-\dfrac{11}{3}$ 또는 $a=2$

이때 $0<a<3$이므로 $a=2$

11 $\displaystyle\int_0^3 f(x)\,dx=\int_0^1 f(x)\,dx+\int_1^3 f(x)\,dx$

$\qquad\qquad\qquad=2+5=7$

$\therefore\displaystyle\int_2^3 f(x)\,dx=\int_0^3 f(x)\,dx-\int_0^2 f(x)\,dx$

$\qquad\qquad\qquad=7-3=4$

12 $\displaystyle\int_0^3 f(x)\,dx$

$=\displaystyle\int_0^1 f(x)\,dx+\int_1^3 f(x)\,dx$

$=\displaystyle\int_0^1(4x-5)\,dx+\int_1^3(-3x^2+2)\,dx$

$=\Big[2x^2-5x\Big]_0^1+\Big[-x^3+2x\Big]_1^3$

$=-3+(-22)=-25$

13 $x^3+2x+1+|x-1|=\begin{cases}x^3+x+2 & (x\le1)\\ x^3+3x & (x>1)\end{cases}$

$\therefore\displaystyle\int_0^2(x^3+2x+1+|x-1|)\,dx$

$=\displaystyle\int_0^1(x^3+x+2)\,dx+\int_1^2(x^3+3x)\,dx$

$=\Big[\dfrac{1}{4}x^4+\dfrac{1}{2}x^2+2x\Big]_0^1+\Big[\dfrac{1}{4}x^4+\dfrac{3}{2}x^2\Big]_1^2$

$=\dfrac{11}{4}+\dfrac{33}{4}=11$

14 $\displaystyle\int_{-2}^1(3x^2-2x+1)\,dx+\int_1^2(1-2t+3t^2)\,dt$

$=\displaystyle\int_{-2}^1(3x^2-2x+1)\,dx+\int_1^2(3x^2-2x+1)\,dx$

$=\displaystyle\int_{-2}^2(3x^2-2x+1)\,dx$

$=\displaystyle\int_{-2}^2(3x^2+1)\,dx+\int_{-2}^2(-2x)\,dx$

$=2\displaystyle\int_0^2(3x^2+1)\,dx+0$

$=2\Big[x^3+x\Big]_0^2=2\times10$

$=20$

15 [1단계]

조건 ㈎에서 $f(-x)=f(x)$이므로

$$\int_0^1 f(x)\,dx=\int_{-1}^0 f(x)\,dx \qquad \cdots\cdots \text{㉠}$$

조건 ㈏에서 $f(x)=f(x+2)$이므로

$$\int_0^1 f(x)\,dx=\int_{-2}^{-1} f(x)\,dx \qquad \cdots\cdots \text{㉡}$$

[2단계]

㉠, ㉡에서

$$\int_{-2}^{-1} f(x)\,dx=\int_{-1}^0 f(x)\,dx=\int_0^1 f(x)\,dx=8$$

이므로

$$\int_{-2}^0 f(x)\,dx=\int_{-2}^{-1} f(x)\,dx+\int_{-1}^0 f(x)\,dx$$
$$=2\int_0^1 f(x)\,dx$$
$$=2\times 8=16$$

[3단계]

$$\therefore \int_{-2}^6 f(x)\,dx$$
$$=\int_{-2}^0 f(x)\,dx+\int_0^2 f(x)\,dx+\int_2^4 f(x)\,dx$$
$$\qquad\qquad\qquad +\int_4^6 f(x)\,dx$$
$$=4\int_{-2}^0 f(x)\,dx$$
$$=4\times 16=64$$

16 $f(x)=\int_0^x (3t^2+5)\,dt$의 양변을 x에 대하여 미분하면

$$f'(x)=3x^2+5$$

$$\therefore \lim_{x\to 2}\frac{f(x)-f(2)}{x-2}=f'(2)=17$$

17 $$\int_0^2 f(t)\,dt=k\ (k\text{는 상수}) \qquad \cdots\cdots \text{㉠}$$

로 놓으면 $f(x)=6x^2-4x+k$

이것을 ㉠에 대입하면

$$\int_0^2 (6t^2-4t+k)\,dt=k$$

$$\Big[2t^3-2t^2+kt\Big]_0^2=k$$

$$8+2k=k \qquad \therefore k=-8$$

따라서 $f(x)=6x^2-4x-8$이므로

$$f(-1)=2$$

18 $$\int_0^1 tf'(t)\,dt=k\ (k\text{는 상수}) \qquad \cdots\cdots \text{㉠}$$

로 놓으면 $f(x)=-9x^2+x+k$

$f'(x)=-18x+1$을 ㉠에 대입하면

$$\int_0^1 (-18t^2+t)\,dt=k,\ \Big[-6t^3+\frac{1}{2}t^2\Big]_0^1=k$$

$$\therefore k=-\frac{11}{2}$$

$$\therefore f(x)=-9x^2+x-\frac{11}{2}$$

19 $$f(x)=x^2+\int_0^1 (2x+1)f(t)\,dt$$
$$=x^2+2x\int_0^1 f(t)\,dt+\int_0^1 f(t)\,dt$$

$$\int_0^1 f(t)\,dt=k\ (k\text{는 상수}) \qquad \cdots\cdots \text{㉠}$$

로 놓으면 $f(x)=x^2+2kx+k$

이것을 ㉠에 대입하면

$$\int_0^1 (t^2+2kt+k)\,dt=k$$

$$\Big[\frac{1}{3}t^3+kt^2+kt\Big]_0^1=k$$

$$\frac{1}{3}+2k=k$$

$$\therefore k=-\frac{1}{3}$$

$$\therefore \int_0^1 f(x)\,dx=-\frac{1}{3}$$

20 [1단계]

주어진 식의 양변에 $x=1$을 대입하면

$$0=1+a-10+6 \qquad \therefore a=3$$

[2단계]

$$\int_1^x (x-t)f(t)\,dt=x^4+3x^2-10x+6\text{에서}$$

$$x\int_1^x f(t)\,dt-\int_1^x tf(t)\,dt=x^4+3x^2-10x+6$$

이 식의 양변을 x에 대하여 미분하면

$$\int_1^x f(t)\,dt+xf(x)-xf(x)=4x^3+6x-10$$

$$\int_1^x f(t)\,dt=4x^3+6x-10$$

다시 이 식의 양변을 x에 대하여 미분하면

$$f(x)=12x^2+6$$

[3단계]

$$\therefore f(1)=18$$

21 [1단계]

주어진 식의 양변을 x에 대하여 미분하면

$$2xf(x)+x^2f'(x)=12x^3-6x^2+2xf(x)$$
$$x^2f'(x)=12x^3-6x^2$$

이 식이 모든 실수 x에 대하여 성립하므로

$$f'(x)=12x-6$$

$$\therefore f(x)=\int (12x-6)\,dx=6x^2-6x+C \qquad \cdots\cdots \text{㉠}$$

[2단계]

주어진 식의 양변에 $x=2$를 대입하면

$$4f(2)=48-16+0 \qquad \therefore f(2)=8$$

[3단계]

㉠에서 $f(2)=24-12+C=8 \qquad \therefore C=-4$

$C=-4$를 ㉠에 대입하면

$$f(x)=6x^2-6x-4$$

$$\therefore f(0)=-4$$

22 $\displaystyle\int f(t)\,dt=F(t)+C$로 놓으면

$$\int_2^x f(t)\,dt=\Big[\,F(x)\,\Big]_2^x=F(x)-F(2)$$

$$\therefore \lim_{x\to2}\frac{1}{x-2}\int_2^x f(t)\,dt=\lim_{x\to2}\frac{F(x)-F(2)}{x-2}$$
$$=F'(2)=f(2)=-9$$

23 $\displaystyle\int(12x^2-8x+5)\,dx=F(x)+C$　　$\cdots\cdots$ ㉠

로 놓으면

$$\int_{1-h}^{1+h}(12x^2-8x+5)\,dx=\Big[\,F(x)\,\Big]_{1-h}^{1+h}$$
$$=F(1+h)-F(1-h)$$

이므로

$$\lim_{h\to0}\frac{1}{h}\int_{1-h}^{1+h}(12x^2-8x+5)\,dx$$

$$=\lim_{h\to0}\frac{F(1+h)-F(1-h)}{h}$$

$$=\lim_{h\to0}\frac{F(1+h)-F(1)+F(1)-F(1-h)}{h}$$

$$=\lim_{h\to0}\left\{\frac{F(1+h)-F(1)}{h}+\frac{F(1-h)-F(1)}{-h}\right\}$$

$$=F'(1)+F'(1)$$

$$=2F'(1)$$

㉠에서 $F'(x)=12x^2-8x+5$이므로

$$2F'(1)=2\times9=18$$

24 주어진 식의 양변을 x에 대하여 미분하면

$$f'(x)=3x^2-12x+9=3(x-1)(x-3)$$

$f'(x)=0$에서 $x=1$ $(\because\ 0\le x\le2)$

닫힌구간 $[0,2]$에서 함수 $f(x)$의 증가와 감소를 표로 나타내면 다음과 같다.

x	0	$\cdots$	1	$\cdots$	2
$f'(x)$		$+$	0	$-$	
$f(x)$		$\nearrow$	극대	$\searrow$	

$$f(0)=\int_{-1}^{0}(3t^2-12t+9)\,dt$$
$$=\Big[\,t^3-6t^2+9t\,\Big]_{-1}^{0}=16$$

$$f(1)=\int_{-1}^{1}(3t^2-12t+9)\,dt$$
$$=2\int_0^1(3t^2+9)\,dt$$
$$=2\Big[\,t^3+9t\,\Big]_0^1=20$$

$$f(2)=\int_{-1}^{2}(3t^2-12t+9)\,dt$$
$$=\Big[\,t^3-6t^2+9t\,\Big]_{-1}^{2}=18$$

따라서 함수 $f(x)$는 $x=1$에서 최댓값 20, $x=0$에서 최솟값 16을 가지므로

$$a=20,\ b=16$$

$$\therefore a+b=36$$

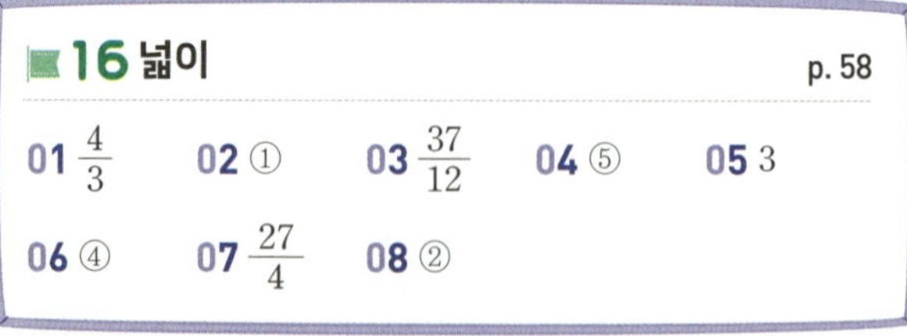

■16 넓이
p. 58

01 $\dfrac{4}{3}$　**02** ①　**03** $\dfrac{37}{12}$　**04** ⑤　**05** 3

06 ④　**07** $\dfrac{27}{4}$　**08** ②

01 주어진 곡선과 x축의 교점의 x좌표는

$$x^2-4x+3=0$$
$$(x-1)(x-3)=0$$
$$\therefore x=1\ \text{또는}\ x=3$$

따라서 구하는 넓이는

$$-\int_1^3(x^2-4x+3)\,dx=-\Big[\frac{1}{3}x^3-2x^2+3x\Big]_1^3=\frac{4}{3}$$

02 주어진 곡선과 y축의 교점의 y좌표는

$$y^2-2y=0,\ y(y-2)=0$$
$$\therefore y=0\ \text{또는}\ y=2$$

따라서 구하는 넓이는

$$-\int_0^2(y^2-2y)\,dy+\int_2^3(y^2-2y)\,dy$$

$$=-\Big[\frac{1}{3}y^3-y^2\Big]_0^2+\Big[\frac{1}{3}y^3-y^2\Big]_2^3$$

$$=\frac{4}{3}+\frac{4}{3}=\frac{8}{3}$$

03 곡선과 직선의 교점의 x좌표는

$$x^3-4x^2+4x=x$$
$$x^3-4x^2+3x=0$$
$$x(x-1)(x-3)=0$$
$$\therefore x=0\ \text{또는}\ x=1\ \text{또는}\ x=3$$

따라서 구하는 넓이는

$$\int_0^1\{(x^3-4x^2+4x)-x\}\,dx$$
$$+\int_1^3\{x-(x^3-4x^2+4x)\}\,dx$$

$$=\int_0^1(x^3-4x^2+3x)\,dx+\int_1^3(-x^3+4x^2-3x)\,dx$$

$$=\Big[\frac{1}{4}x^4-\frac{4}{3}x^3+\frac{3}{2}x^2\Big]_0^1+\Big[-\frac{1}{4}x^4+\frac{4}{3}x^3-\frac{3}{2}x^2\Big]_1^3$$

$$=\frac{5}{12}+\frac{8}{3}=\frac{37}{12}$$

04 주어진 두 포물선의 교점의 x좌표는

$$x^2+2x-2=-x^2+6x+4,\ 2x^2-4x-6=0$$
$$2(x+1)(x-3)=0\qquad\therefore x=-1\ \text{또는}\ x=3$$

따라서 구하는 넓이는

$$\left|\frac{1-(-1)}{6}\{3-(-1)\}^3\right|=\frac{64}{3}$$

05 주어진 포물선과 x축의 교점의 x좌표는

$$-3x^2+6kx=0$$
$$-3x(x-2k)=0$$
$$\therefore x=0 \ \text{또는} \ x=2k$$

포물선과 x축으로 둘러싸인 부분의 넓이가 108이므로

$$\left|\frac{-3}{6}(2k-0)^3\right|=4k^3=108$$
$$k^3=27 \qquad \therefore k=3$$

06 주어진 곡선과 x축의 교점의 x좌표는

$$x^3-(2+k)x^2+2kx=0$$
$$x(x-2)(x-k)=0$$
$$\therefore x=0 \ \text{또는} \ x=2 \ \text{또는} \ x=k$$

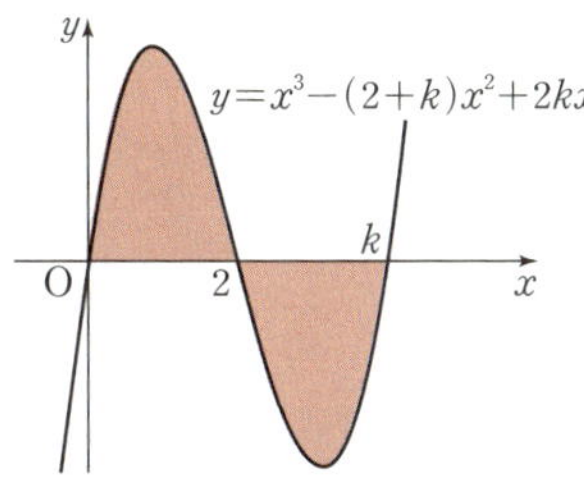

주어진 곡선과 x축으로 둘러싸인 두 부분의 넓이가 같으므로

$$\int_0^k \{x^3-(2+k)x^2+2kx\}\,dx=0$$
$$\left[\frac{1}{4}x^4-\frac{2+k}{3}x^3+kx^2\right]_0^k=0$$
$$-\frac{1}{12}k^4+\frac{1}{3}k^3=0$$
$$k^4-4k^3=0$$
$$k^3(k-4)=0$$
$$\therefore k=0 \ \text{또는} \ k=4$$

이때 $k>2$이므로 $k=4$

07 $f(x)=-x^3+3x^2-x+2$로 놓으면

$$f'(x)=-3x^2+6x-1$$

곡선 $y=f(x)$ 위의 점 $(0,\,2)$에서의 접선의 기울기는

$$f'(0)=-1$$

따라서 접선의 방정식은

$$y=-x+2$$

곡선 $y=f(x)$와 직선 $y=-x+2$의 교점의 x좌표는

$$-x^3+3x^2-x+2=-x+2 \text{에서}$$
$$x^3-3x^2=0, \ x^2(x-3)=0$$
$$\therefore x=0 \ \text{또는} \ x=3$$

따라서 구하는 넓이는

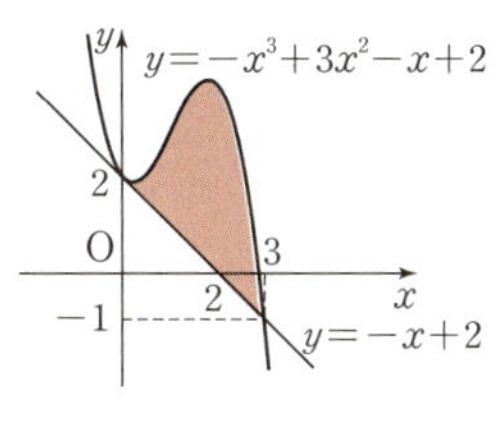

$$\int_0^3 \{(-x^3+3x^2-x+2)$$
$$-(-x+2)\}\,dx$$
$$=\int_0^3 (-x^3+3x^2)\,dx$$
$$=\left[-\frac{1}{4}x^4+x^3\right]_0^3=\frac{27}{4}$$

08 두 곡선 $y=f(x)$, $y=g(x)$는 직선 $y=x$에 대하여 대칭이므로 구하는 넓이는 곡선 $y=f(x)$와 직선 $y=x$로 둘러싸인 부분의 넓이의 2배이다.

곡선 $y=f(x)$와 직선 $y=x$의 교점의 x좌표는

$$x^2=x, \ x^2-x=0$$
$$x(x-1)=0$$
$$\therefore x=0 \ \text{또는} \ x=1$$

따라서 구하는 넓이는

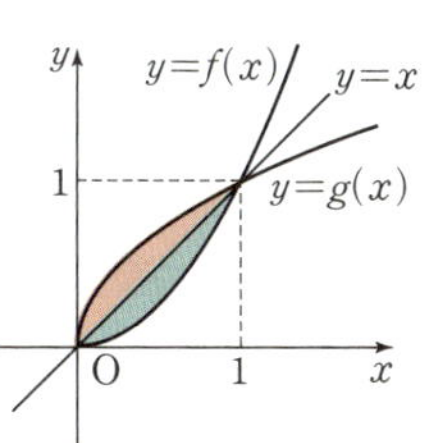

$$2\int_0^1 (x-x^2)\,dx$$
$$=2\left[\frac{1}{2}x^2-\frac{1}{3}x^3\right]_0^1$$
$$=2\times\frac{1}{6}=\frac{1}{3}$$

■ 17 속도와 거리   p. 60

01 ①　　**02** -8　　**03** $\dfrac{19}{3}$　　**04** ⑤　　**05** ③

06 50 m　　**07** $\dfrac{3}{2}$　　**08** ⑤

01 $t=0$일 때의 점 P의 위치가 -1이므로 $t=2$일 때의 점 P의 위치는

$$-1+\int_0^2 (t^2-2t)\,dt=-1+\left[\frac{1}{3}t^3-t^2\right]_0^2$$
$$=-1+\left(-\frac{4}{3}\right)$$
$$=-\frac{7}{3}$$

02 $\displaystyle\int_1^3 (2t-8)\,dt=\left[t^2-8t\right]_1^3=-8$

03 $\displaystyle\int_0^4 |t^2-3t|\,dt$

$$=\int_0^3 (-t^2+3t)\,dt$$
$$+\int_3^4 (t^2-3t)\,dt$$
$$=\left[-\frac{1}{3}t^3+\frac{3}{2}t^2\right]_0^3+\left[\frac{1}{3}t^3-\frac{3}{2}t^2\right]_3^4$$
$$=\frac{9}{2}+\frac{11}{6}=\frac{19}{3}$$

04 $\displaystyle 20+\int_0^4 (20-5t)\,dt=20+\left[20t-\frac{5}{2}t^2\right]_0^4$
$$=20+40=60\,(\text{m})$$

05 최고 높이에 도달했을 때는

$v(t)=-t^2-4t+21=0$에서

$-(t-3)(t+7)=0$ $\qquad \therefore t=3 \ (\because t>0)$

따라서 $t=3$(초)일 때 최고 높이이므로 구하는 높이는

$$\int_0^3 (-t^2-4t+21)\,dt=\left[-\frac{1}{3}t^3-2t^2+21t\right]_0^3=36\,(\mathrm{m})$$

06 최고 높이에 도달했을 때는

$v(t)=30-10t=0$에서 $t=3$

따라서 4초 동안 움직인 거리는

$$\int_0^4 |30-10t|\,dt$$

$$=\int_0^3 (30-10t)\,dt+\int_3^4 (10t-30)\,dt$$

$$=\left[30t-5t^2\right]_0^3+\left[5t^2-30t\right]_3^4$$

$$=45+5=50\,(\mathrm{m})$$

07 점 P는 시각 $t=3$일 때 운동 방향을 바꾸므로 이때까지 움직인 거리는

$$\int_0^3 v(t)\,dt=\frac{1}{2}\times 3\times 1=\frac{3}{2}$$

08 실제로 움직인 거리는 속도의 그래프와 t축 사이의 넓이와 같으므로 구하는 거리는

$$\int_0^6 |v(t)|\,dt=\int_0^2 |v(t)|\,dt+\int_2^6 |v(t)|\,dt$$

$$=\frac{1}{2}\times 2\times 1+\frac{1}{2}\times 4\times 2=5$$

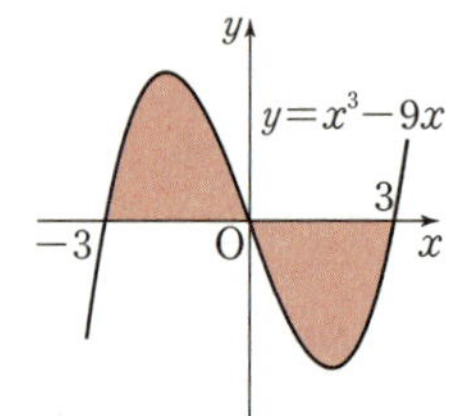

실력 확인 문제

16 17 p. 62

01 ⑤	**02** ③	**03** ②	**04** 4	**05** ②
06 ②	**07** ③	**08** ②	**09** ②	**10** ⑤
11 ①	**12** 5초	**13** ②	**14** ③	**15** ⑤
16 ⑤	**17** ②			

01 주어진 곡선과 x축의 교점의 x좌표는

$x^3-9x=0$

$x(x+3)(x-3)=0$

$\therefore x=-3$ 또는 $x=0$ 또는 $x=3$

따라서 구하는 넓이는

$$\int_{-3}^0 (x^3-9x)\,dx+\int_0^3 (9x-x^3)\,dx$$

$$=\left[\frac{1}{4}x^4-\frac{9}{2}x^2\right]_{-3}^0+\left[\frac{9}{2}x^2-\frac{1}{4}x^4\right]_0^3$$

$$=\frac{81}{4}+\frac{81}{4}=\frac{81}{2}$$

02 주어진 곡선과 직선의 교점의 x좌표는

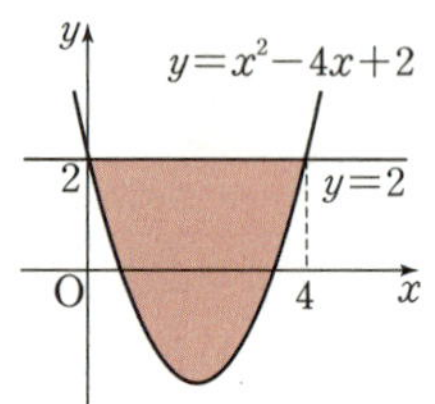

$x^2-4x+2=2$

$x(x-4)=0$

$\therefore x=0$ 또는 $x=4$

따라서 구하는 넓이는

$$\int_0^4 \{2-(x^2-4x+2)\}\,dx=\int_0^4 (-x^2+4x)\,dx$$

$$=\left[-\frac{1}{3}x^3+2x^2\right]_0^4$$

$$=\frac{32}{3}$$

03 주어진 곡선과 y축의 교점의 y좌표는

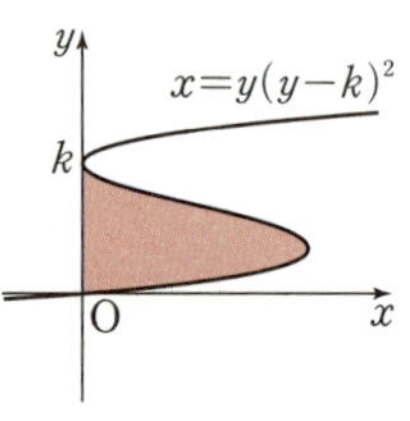

$y(y-k)^2=0$

$\therefore y=0$ 또는 $y=k$

주어진 곡선과 y축으로 둘러싸인 부분의 넓이가 12이므로

$$\int_0^k y(y-k)^2\,dy=\int_0^k (y^3-2ky^2+k^2y)\,dy$$

$$=\left[\frac{1}{4}y^4-\frac{2}{3}ky^3+\frac{1}{2}k^2y^2\right]_0^k$$

$$=\frac{1}{12}k^4=12$$

$k^4=144$이므로 $k=2\sqrt{3}\ (\because k>0)$

04 주어진 곡선과 직선의 교점의 x좌표는

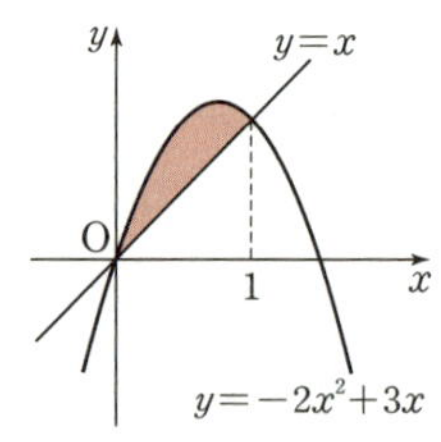

$-2x^2+3x=x$

$-2x^2+2x=0$

$-2x(x-1)=0$

$\therefore x=0$ 또는 $x=1$

따라서 주어진 곡선과 직선으로 둘러싸인 부분의 넓이는

$$\int_0^1 \{(-2x^2+3x)-x\}\,dx=\int_0^1 (-2x^2+2x)\,dx$$

$$=\left[-\frac{2}{3}x^3+x^2\right]_0^1$$

$$=\frac{1}{3}$$

따라서 $p=3$, $q=1$이므로

$p+q=4$

05 $S_2=\int_0^1 x^3\,dx=\left[\dfrac{1}{4}x^4\right]_0^1=\dfrac{1}{4}$

$S_1+S_2=1$이므로 $S_1=\dfrac{3}{4}$

$\therefore S_1:S_2=\dfrac{3}{4}:\dfrac{1}{4}=3:1$

06 주어진 포물선과 직선의 교점의 x좌표는

$x^2-2x=kx,\ x^2-(k+2)x=0,\ x\{x-(k+2)\}=0$

$\therefore x=0$ 또는 $x=k+2$

주어진 포물선과 직선으로 둘러싸인 부분의 넓이가 $\dfrac{32}{3}$이

므로

$\dfrac{1}{6}(k+2)^3=\dfrac{32}{3},\ (k+2)^3=64$

$k+2=4\qquad \therefore k=2$

07 두 부분 $A,\ B$의 넓이가 같으므로

$\int_0^a (2x^2-4x)\,dx=0,\ \left[\dfrac{2}{3}x^3-2x^2\right]_0^a=0,\ \dfrac{2}{3}a^3-2a^2=0$

$\dfrac{2}{3}a^2(a-3)=0\qquad \therefore a=3\ (\because a>2)$

08 [1단계]

$f(x)=x^2-3x+4$로 놓으면 $f'(x)=2x-3$

접점의 좌표를 $(a,\ a^2-3a+4)$라고 하면 접선의 기울기는

$f'(a)=2a-3$

이므로 접선의 방정식은

$y-(a^2-3a+4)=(2a-3)(x-a)$

$\therefore y=(2a-3)x-a^2+4$

이 접선이 점 $(2,\ 1)$을 지나므로

$1=(2a-3)\times 2-a^2+4$

$a^2-4a+3=0,\ (a-1)(a-3)=0$

$\therefore a=1$ 또는 $a=3$

따라서 두 접선의 방정식은

$y=-x+3,\ y=3x-5$

[2단계]

곡선 $y=x^2-3x+4$와 직선

$y=-x+3$의 교점의 x좌표는

접점의 x좌표이므로 $x=1$

또, 곡선 $y=x^2-3x+4$와 직

선 $y=3x-5$의 교점의 x좌표

는 접점의 x좌표이므로 $x=3$

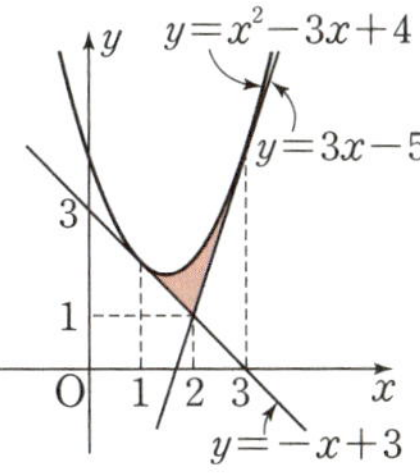

[3단계]

따라서 구하는 넓이는

$\int_1^3 (x^2-3x+4)\,dx-\int_1^2 (-x+3)\,dx-\int_2^3 (3x-5)\,dx$

$=\left[\dfrac{1}{3}x^3-\dfrac{3}{2}x^2+4x\right]_1^3-\left[-\dfrac{1}{2}x^2+3x\right]_1^2-\left[\dfrac{3}{2}x^2-5x\right]_2^3$

$=\dfrac{14}{3}-\dfrac{3}{2}-\dfrac{5}{2}=\dfrac{2}{3}$

09 두 곡선 $y=f(x),\ y=g(x)$는 직선 $y=x$에 대하여 대칭이

므로 구하는 넓이는 곡선 $y=f(x)$와 직선 $y=x$로 둘러싸

인 부분의 넓이의 2배이다.

곡선 $y=f(x)$와 직선 $y=x$의 교점의 x좌표는

$\dfrac{1}{4}x^3=x,\ x^3-4x=0$

$x(x+2)(x-2)=0$

$\therefore x=0$ 또는 $x=2\ (\because x\geq 0)$

따라서 구하는 넓이는

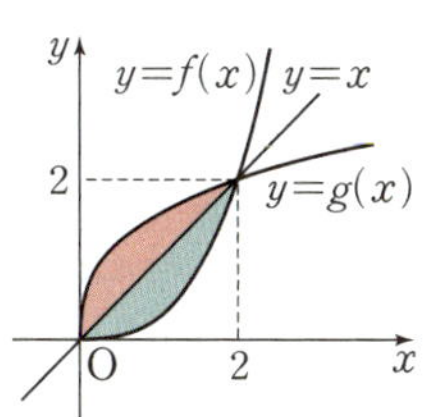

$2\int_0^2 \left(x-\dfrac{1}{4}x^3\right)dx$

$=2\left[\dfrac{1}{2}x^2-\dfrac{1}{16}x^4\right]_0^2$

$=2\times 1=2$

10 출발점의 위치가 0이므로 시각 $t=3$에서의 점 P의 위치는

$0+\int_0^3 (4-t)\,dt=\left[4t-\dfrac{1}{2}t^2\right]_0^3=\dfrac{15}{2}$

11 $\int_0^4 |-2t+4|\,dt$

$=\int_0^2 (-2t+4)\,dt+\int_2^4 (2t-4)\,dt$

$=\dfrac{1}{2}\times 2\times 4+\dfrac{1}{2}\times 2\times 4$

$=4+4=8$

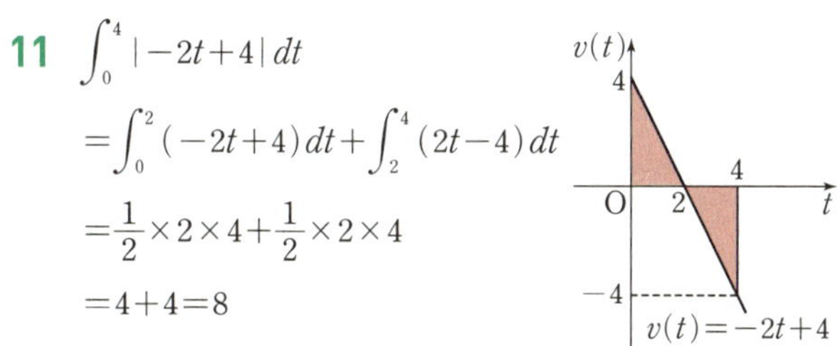

12 t초 후에 두 점 P, Q가 다시 만난다고 하면 t초 후에 두 점

P, Q의 위치가 같아진다.

t초 후 두 점 P, Q의 위치는 각각

$\int_0^t 3t(4-t)\,dt,\ \int_0^t 2t\,dt$

이므로

$\int_0^t (12t-3t^2)\,dt=\int_0^t 2t\,dt$

$6t^2-t^3=t^2,\ t^3-5t^2=0$

$t^2(t-5)=0$

$\therefore t=0$ 또는 $t=5$

따라서 5초 후에 두 점 P, Q는 다시 만난다.

13 기차가 정지하는 시각은

$v(t)=-2t+20=0$에서 $t=10$

따라서 기차가 10초 동안 움직인 거리는

$\int_0^{10} |-2t+20|\,dt=\int_0^{10} (-2t+20)\,dt$

$=\left[-t^2+20t\right]_0^{10}$

$=100\,(\text{m})$

14 $t=a\ (a>0)$일 때, 점 P가 다시 원점으로 돌아온다고 하면 시각 $t=0$에서 $t=a$까지의 점 P의 위치의 변화량은 0이므로

$$\int_0^a (-3t^2-2t+12)\,dt=0,\quad \Big[-t^3-t^2+12t\Big]_0^a=0$$
$$-a^3-a^2+12a=0,\quad -a(a+4)(a-3)=0$$
$$\therefore a=3\ (\because a>0)$$

따라서 3초 후에 다시 원점으로 돌아온다.

15 실제로 움직인 거리는 속도의 그래프와 t축 사이의 넓이와 같으므로 구하는 거리는

$$\int_0^6 |v(t)|\,dt$$
$$=\int_0^4 |v(t)|\,dt+\int_4^6 |v(t)|\,dt$$
$$=\frac{1}{2}\times1\times1+\frac{1}{2}\times(1+2)\times2+\frac{1}{2}\times1\times2+\frac{1}{2}\times2\times1$$
$$=\frac{1}{2}+3+1+1=\frac{11}{2}$$

16 [1단계]
출발점의 위치가 0이고, 시각 $t=10$(초)일 때 점 P의 위치가 $\frac{35}{3}$이므로

$$0+\int_0^{10} v(t)\,dt=\int_0^8 v(t)\,dt+\int_8^{10} v(t)\,dt$$
$$=\frac{1}{2}\times8\times2k+\left(-\frac{1}{2}\times2\times k\right)$$
$$=7k=\frac{35}{3}$$
$$\therefore k=\frac{5}{3}$$

[2단계]
실제로 움직인 거리는 속도의 그래프와 t축 사이의 넓이와 같으므로 구하는 거리는

$$\int_0^{10} |v(t)|\,dt$$
$$=\int_0^8 |v(t)|\,dt+\int_8^{10} |v(t)|\,dt$$
$$=\frac{1}{2}\times8\times\frac{10}{3}+\frac{1}{2}\times2\times\frac{5}{3}$$
$$=\frac{40}{3}+\frac{5}{3}=15$$

17 ㄱ. 1초 동안 $v(t)=0$인 경우는 없으므로 점 P는 1초 동안 멈춘 적이 없다. (거짓)

ㄴ. $t=2$, $t=4$를 전후하여 $v(t)$의 부호가 바뀌므로 점 P는 움직이는 동안 방향을 2번 바꿨다. (거짓)

ㄷ. 시각 $t=0$에서 $t=2$까지 점 P의 위치의 변화량은
$$\int_0^2 v(t)\,dt=\frac{1}{2}\times2\times2=2$$

시각 $t=2$에서 $t=4$까지 점 P의 위치의 변화량은
$$\int_2^4 v(t)\,dt=-\frac{1}{2}\times2\times2=-2$$

즉, $\int_0^4 v(t)\,dt=0$이므로 $t=4$일 때 점 P의 위치는 원점이다. (참)

이상에서 옳은 것은 ㄷ이다.

필수 개념 적용력을 높이는
2주 단기 완성서

풍산자
라이트

풍산자
장학생 선발

지학사에서는 학생 여러분의 꿈을 응원하기 위해
2007년부터 매년 풍산자 장학생을 선발하고 있습니다.
풍산자로 공부한 학생이라면 누.구.나 도전해 보세요.

**총 장학금
1,200만 원**

선발 대상

풍산자 수학 시리즈로 공부한 전국의 중·고등학생 중 성적 향상 및 우수자

조금만 노력하면 누구나 지원 가능!	수학 성적이 잘 나왔다면?
성적 향상 장학생(10명)	**성적 우수 장학생(10명)**
중학 │ 수학 점수가 10점 이상 향상된 학생	**중학** │ 수학 점수가 90점 이상인 학생
고등 │ 수학 내신 성적이 한 등급 이상 향상된 학생	**고등** │ 수학 내신 성적이 2등급 이상인 학생

혜택

장학금 30만원 및 장학 증서
*장학금 및 장학 증서는 각 학교로 전달합니다.

신청자 전원 '풍산자 시리즈'
교재 중 1권 제공

모집 일정

매년 2월, 8월(총 2회)
*공식 홈페이지 및 SNS를 통해 소식을 받으실 수 있습니다.

장학 수기)

"풍산자와 기적의 상승곡선 5 ➡ 1등급!" _이○원(해송고)
"수학 A로 가는 모험의 필수 아이템!" _김○은(지도중)
"수학 66점에서 100점으로 향상하다!" _구○경(한영중)

장학 수기
더 보러 가기

풍산자 시리즈로
공부하고 싶은 학생들 모두 주목!
매년 2월과 8월에
서포터즈를 모집합니다.
리뷰 작성 및 SNS 홍보 활동을 통해
공부 실력 향상은 물론,
문화 상품권과 미션 선물을
받을 수 있어요!

자세한 내용은 풍산자 홈페이지(www.
pungsanja.com)를 통해 확인해 주세요.